LOVE
—
HAND
MADE

LOVE
HAND
MADE

LOVE
HAND
MADE

LOVE
———
HAND
MADE

LOVE
HAND
MADE

人氣女子的漂亮手則

人見人愛的手作飾品
LESSON BOOK

全圖解！好簡單！初學者也能立即上手的150款時尚設計小物

NECKLACE
BRACELET
EARRINGS RING
HAIR ACCESSORY
ETC.

150
ITEMS

親手打造想配戴出門的飾品。

∶∶∶ × ∶∶∶

BASIC ITEM × ACCESSORIES

自己動手作飾品固然不錯，但絕大多數卻都很難配戴出門。本書收錄的手作飾品，皆是能夠實際外出配戴的款式。書中也將一併介紹飾品與日常便服的搭配方式。

1.

BASIC ITEM：

白襯衫

×

ACCESSORIES：

簡約飾品

白襯衫融入適度奢華的飾品，勾勒出自然不做作的女人味。以天然石與壓克力串珠，締造順眼對比色。

× [NECKLACE]

**素淨的白襯衫
搭配奢華飾品。**

簡約的白襯衫搭配不過於搶眼的飾品可締造高貴感。以短項鍊風格呈現更顯時尚玩味。稍微解開襯衫領口處，使項鍊若隱若現。

⇨ P.36

⇨ HOW TO MAKE　P.42

襯托白襯衫的深色系
搭配令人陶醉

纖細卻存在感十足,即使搭
配素淨的上衣,也能躍升為
時尚印象。

⇨ P.145

⇨ HOW TO MAKE P.153

[PIERCED EARRINGS]

細手環×天然石
簡約卻依然搶眼

搭配素淨的白襯衫,進一步
提昇了高雅感。捲起袖子露
出手腕詮釋女人味。

⇨ P.72

⇨ HOW TO MAKE P.82

[BRACELET]

以較大的水晶提升美麗女人味

天然石纏繞在戒台上,是枚
簡約卻頗具存在感的戒指。
以金色五金配件簡單完成。

⇨ P.73

⇨ HOW TO MAKE P.84-85

[RING]

以刺繡使正式的白襯衫
營造休閒感

蕾絲搭配淺色串珠,細細品
味親膚感。扣上領口締造清
麗氣質。

⇨ P.15

⇨ HOW TO MAKE P.24-25

[PIERCED EARRINGS]

[BRACELET]

以細手鍊詮釋手的優美姿態。

纖細的小顆粒珍珠，搭配不同材質的串珠打造雙鍊設計。用來搭配丹寧，會呈現出不會過度高貴的可愛感。

➪ P.73
➪ HOW TO MAKE P.83

[PIERCED EARRINGS]

雙色玻璃珍珠
為整體造型提昇休閒感

以金色五金配件串接白色和米色珍珠後，親膚感頓時脫穎而出。

➪ P.86
➪ HOW TO MAKE P.98

[BRACELET]

以成串玻璃珍珠
為丹寧穿搭締造奢華氣息

大小不一的玻璃珍珠，使男性化的丹寧增添了女性化的華麗感。再以星星吊飾加以點綴。

➪ P.48
➪ HOW TO MAKE P.56

2.

BASIC ITEM : 丹寧

ACCESSORIES : 珍珠飾品

即使是單粒珍珠，也能為整體造型賦予高貴印象，就連容易流露出休閒感的丹寧穿搭亦同，只要加入珍珠，即能勾勒出淑女氛圍。

3.

BASIC ITEM：

T恤

×

ACCESSORIES：

大型飾品

簡單又率性的針織衫，
非常適合搭配誇張醒目的大型飾品。
不妨試著挑戰不常穿戴的設計吧！

× [EAR CUFF]

**運用素色T恤
讓飾品化身為主角**

大花耳環是將臉龐營造出華麗感
的飾品，可將頭髮塞於耳後，或
是盤髮也可。

⇨ P.91
⇨ HOW TO MAKE P.106-107

× [BRACELET]

**金屬×珍珠
使襯衫剎那間變得時尚**

甜美的珍珠混搭嗆辣的金屬配件
後，為襯衫穿搭勾勒出洗鍊感。
三圈式手環將手腕烘托出奢華效
果。

⇨ P.34
⇨ HOW TO MAKE P.38

× [BARRETTE]

**素材質感及大膽的尺寸
讓簡單穿搭瞬間升級**

運用○與△的簡單形狀及單一色
調的配件組合出時尚髮夾，搭配
鮮明的T恤可締造摩登印象。

⇨ P.111
⇨ HOW TO MAKE P.118

PIERCED EARRINGS

**為自在風穿搭
增添鮮豔色彩**

五彩繽紛貝殼封存起來的耳環，
搭配深色系上衣很引人注目。選
擇同配色的下身，享受成套搭配
的樂趣。

⇨ P.143
⇨ HOW TO MAKE　P.147

BRACELET

**運用大型手環
將運動衫勾勒華麗風格**

手環上擺盪的大型配件，讓露出
運動衫的手腕看起來更加纖細，
捲起袖口輕鬆配戴為重點所在。

⇨ P.69
⇨ HOW TO MAKE　P.78-79

RING

**與休閒穿搭相互輝映的
小花戒指**

小花戒指不僅有令人無法忽視的
存在感，還能神奇的與整體穿搭
合而為一。

⇨ P.132
⇨ HOW TO MAKE　P.138

4.

BASIC ITEM：

運動衫 × 五顏六色的飾品

ACCESSORIES：

遇到素色運動衫，五顏六色的飾品就該上場囉！
只要活用成熟色彩，
將平凡穿搭增添華麗，頓時精神抖擻起來。

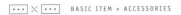
5.

BASIC ITEM : 罩衫

× ACCESSORIES : 異材質飾品

利用流露材質質感的飾品來突顯有領罩衫的高品味，除了高貴之外，還能將整體造型升格為特色款穿搭。

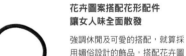

× [BRACELET]

**以煙燻色
襯托顯色的紅色**

大膽運用相異素材，將女性化手環勾勒出自然又不經意的時尚感。就連較大的造型配件也能拼湊出高尚感，相當討喜。

⇨ P.70
⇨ HOW TO MAKE P.80

× [HAIR ACCESSORY]

**花卉圖案搭配花形配件
讓女人味全面散發**

強調休閒及可愛的搭配，就算採用媚俗設計的飾品，搭配花卉圖案的罩衫也很相稱。

⇨ P.155
⇨ HOW TO MAKE P.162

× [NECKLACE]

**淺色項鍊
締造嫻靜女人味**

採用暖色系布料的項鍊搭配罩衫，打造惹人憐愛的女人味穿搭。頸部的緞帶為設計焦點。

⇨ P.113
⇨ HOW TO MAKE P.152

CONTENTS

HANDMADE ACCESSORIES
LESSON BOOK

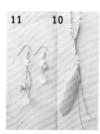

LESSON
3 更具女性魅力的珍珠飾品

01
捷克珠耳環&
珍珠項鍊
作品 / 作法
P.46 / P.52

02

淡水珍珠長鍊
P.47 / 作法 P.54

03
珍珠
兩用飾品
作品 / 作法
P.48 / P.56

04
珍珠&星形
髮夾
作品 / 作法
P.49 / P.58

06
珍珠&花卉
髮插
作品 / 作法
P.50 / P.62

05
珍珠手錶
作品 / 作法
P.49 / P.60

07
民族風
珠寶耳環
作品 / 作法
P.51 / P.64

08
小顆珍珠&
金屬配件耳環
作品 / 作法
P.51 / P.57

LESSON
4 受光後猶如寶石般燦爛奪目的天然石飾品

01
天然石&金屬
長條耳環
作品 / 作法
P.66 / P.74

02
天然石手環×3
作品 / 作法
P.67 / P.75

03
紫水晶&
糖果水晶戒指
作品 / 作法
P.68 / P.76

04
玫瑰蛋白石鐵絲
戒指
作品 / 作法
P.68 / P.77

05
珍珠母十字架
手環
作品 / 作法
P.69 / P.78

06
古董串珠手環
作品 / 作法
P.70 / P.80

07
水晶三角鐵耳環
作品 / 作法
P.71 / P.81

08
天然石&露珠形珍珠的
手環&手環組
作品 / 作法
P.72 / P.82

09
天然石&珍珠
雙層手環
作品 / 作法
P.73 / P.83

10
水晶與鐵絲
戒指&手環組
作品 / 作法
P.73 / P.84

LESSON
5 專屬週末的大膽穿搭大型飾品

02
01
雙色滴石&
棉珍珠耳環
作品 / 作法
P.86 / P.98

古董風配件耳環
作品 / 作法
P.86 / P.92

03
羽毛耳環
作品 / 作法
P.87 / P.94

04
大地色系
長項鍊
作品 / 作法
P.88 / P.96

05
壓克力串珠
糖果色手環
作品 / 作法
P.88 / P.99

LESSON 6 為基本款單品增添別出心裁設計的緞帶&繩結

LESSON 7 將自創圖案以熱縮片直接變成飾品

LESSON 8 將喜愛的元素立即封存

05

迷你瓷磚圓耳環

06

大理石寶石耳環

07

繡球花
耳環＆項鍊套組

08

搖曳的花瓣
耳環

LESSON 9　自由塑型の**黏土飾品**

01

小鳥胸針

02

櫻花色耳環

03

小白花耳環

04

紅花髮束

05

馬賽克髮夾

06

施華洛世奇胸針

07

北歐風三角髮束

08

三角條紋小胸針

LESSON 10　**基本**工具・材料・技法

圖標說明

🕐 **30分** ⋯⋯ 記載作業的花費時間。
（依個人熟練度而有所不同）

黏貼　穿接　串接　縫接　編織
加熱　硬化　繩結　纏繞 ⋯⋯ 記載製作作品時必要的基本技法。

材料表的閱讀方法

A 樹脂珍珠（水滴形・7×13mm・白色）—— 2個

材料名稱　形狀　尺寸　顏色　必要數量

本書介紹的作品總量，包含同款不同色的作品及改造作品。

初學者先從

////// 小 飾 品 //////

開始作起

本篇介紹的飾品,都是容易製作、作
業流程少的簡單設計,初學者請從本
篇開始作起。

01 ⏰ 10分 串接

搖曳生姿的珍珠耳環

以奢華風鍊條打造簡約美麗的耳環。
以一顆小珍珠即能營造女性專屬的優雅感。

HOW TO MAKE P.18

02 ⏰ 15分 [串接]

天河石長條耳環

運用顯色佳的天然石頓時提昇華麗感。
是靠串接技法即能製作的簡單耳環。

HOW TO MAKE P.19

03 ⏰ 15分 [穿接]

花形珍珠耳環

以蠶絲線纏繞固定珍珠，是將花帽比擬為花，
洋溢女人味的設計。

HOW TO MAKE P.20

04 ⏰ 20分 [黏貼] [串接]

葉子&雨珠胸針

短短幾個步驟即能製作的胸針，
適合日常使用的尺寸極具魅力。

HOW TO MAKE P.21

06 ⏱20分 串接

石榴石金屬手鍊

簡約奢華的手環，很適合重疊配戴。
以天然石的顏色強調性格。

HOW TO MAKE P.23

05 ⏱各10分 串接 黏貼

黏貼製作的施華洛世奇
項鍊 & 戒指

將施華洛世奇材料黏貼於專用爪座及
戒台五金配件上即完成。
搭配喜歡顏色的石頭製作。

HOW TO MAKE P.22

07 ⏱ 30分 [串接]

蕾絲耳環

蕾絲獨有的溫馨感,
是洋溢浪漫氣息的耳環。
由於蕾絲的形狀跟顏色都相當豐富,
為其挑選出相稱的串珠吧!

HOW TO MAKE P.24-25

08 ⏱ 30分 [穿接] [串接]

珍珠彎管項鍊

高品味一字排開的棉珍珠，
是休閒卻又不失淑女形象的項鍊。
以金屬配件為設計焦點。

HOW TO MAKE P.26-27

09 ⏱ 15分 [串接]

木珍珠耳環

具有獨特素材感的木珍珠魅力十足。
雖屬大型飾品卻又能流露高貴感，
必須歸功於珍珠的加乘效果。

HOW TO MAKE P.28

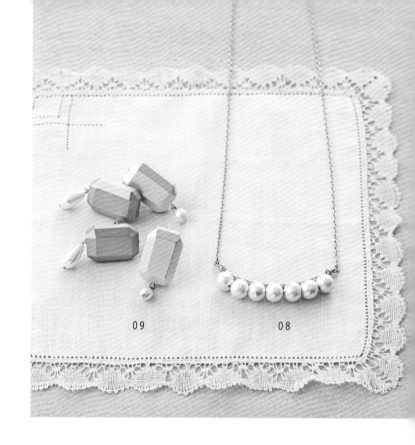

09　　　　08

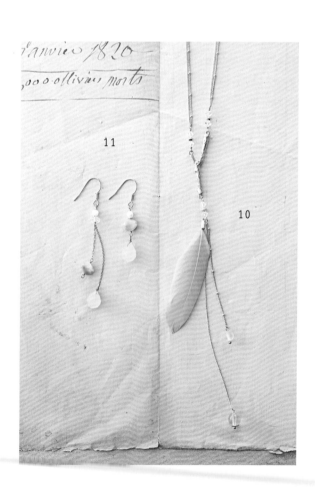

11

10

10 ⏱ 60分 [串接]

羽毛簡約項鍊

柔和色調的羽毛與
奢華彩鍊的搭配，
打造誘發少女心的項鍊。

HOW TO MAKE P.30-31

11 ⏱ 30分 [串接]

不對稱耳環

採用左右不對稱設計的耳環，
外型簡單卻有脫穎而出的存在感。
為臉龐詮釋女人味。

HOW TO MAKE P.29

12 🕐 30分 串接

金屬設計手鍊

五顏六色的金屬鍊設計手環，
可享受重疊配戴的樂趣。
延長鍊末端的星星吊飾是很好的吸睛焦點。

HOW TO MAKE P.32-33

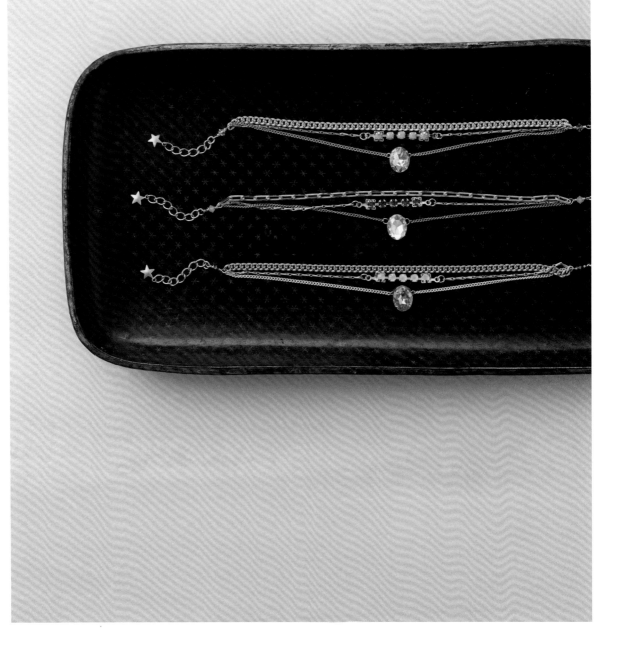

01　搖曳生姿的珍珠耳環

⇨ P. 12

3

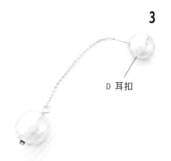

D 耳扣

使用珍珠耳扣取代耳針附贈的耳扣。依相同作法製作另一個耳環。

1

B 造型T針

A 玻璃珍珠

造型T針穿接玻璃珍珠，折彎針頭製作成配件（⇨P.180-③）。

完成尺寸：長約4.5cm

材料

[白色]

A 玻璃珍珠（圓形・10mm・白色）
——————————— 2顆
B 造型T針（0.6×30mm・金色）
——————————— 2根
C 耳針（穿線耳環・金色）—— 1副
D 耳扣（珍珠・白色）——— 1副

[灰色]

A 玻璃珍珠（圓形・10mm・灰色）
——————————— 2顆
B 造型T針（0.6×30mm・金色）
——————————— 2根
C 耳針（穿線耳環・金色）—— 1副
D 耳扣（珍珠・灰色）——— 1副

Q & A

Q 為什麼不能在折彎造型T針針頭時，直接串接五金配件？

A 於1折彎造型T針針頭後，於2再打開圓圈串接五金配件，是為了各位新手能穩定製作出美麗的配件。待駕輕就熟後，就能在串接五金配件的同時折彎針頭，來提高作業效率。

2

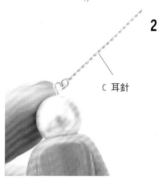

C 耳針

打開1的造型T針圓圈，串接在耳針末端後，將圓圈閉合（⇨P.180-①）。

工具

平口鉗／尖嘴鉗／斜剪鉗

[白色]

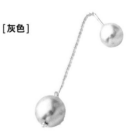

C 耳針

D 耳扣

A 玻璃珍珠

B 造型T針

[灰色]

POINT

以耳扣製作也能享受改造樂趣

市售耳針款式五花八門。其中希望大家特別留意耳扣。本頁作品使用到的耳扣，多半是珍珠孔直接插入耳扣的款式，或是於耳扣採用單一重點等設計。不妨試著自行組裝改造看看。

項鍊

耳針·耳環

手鍊

戒指

髮飾

胸針

02 天河石長條耳環

⇨ P.13

串接整體

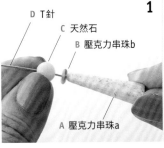

3

E 耳針

打開**2**的T針圓圈，串接耳針。

↓

4

F 耳扣

使用與耳環同組的耳扣。以相同作法製作另一個耳環。

製作配件

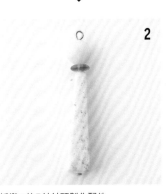

1

D T針
C 天然石
B 壓克力串珠b

A 壓克力串珠a

以T針依序穿接壓克力串珠a、b及天然石。

↓

2

折彎**1**的T針針頭製作配件（⇨P.180-③）。

完成尺寸：長約5.5cm

材料

A 壓克力串珠a（長條形·32×8mm·象牙斑點）——————— 2顆
B 壓克力串珠b（扁珠·6mm·綠色）——————————————— 2顆
C 天然石（圓形·8mm·天河石）——————————————— 2顆
D T針（0.8×65mm·金色）— 2根
E 耳針（U字耳勾·金色）— 1副
F 耳扣（矽膠）——————— 1副

工具

平口鉗／尖嘴鉗／斜剪鉗

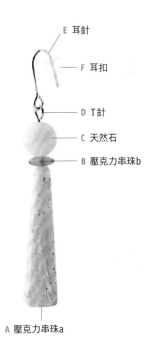

E 耳針
F 耳扣
D T針
C 天然石
B 壓克力串珠b
A 壓克力串珠a

Q & A

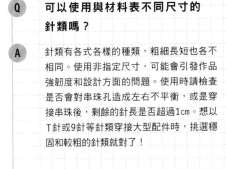

Q 可以使用與材料表不同尺寸的針類嗎？

A 針類有各式各樣的種類，粗細長短也各不相同。使用非指定尺寸，可能會引發作品強韌度和設計方面的問題。使用時請檢查是否會對串珠孔造成左右不平衡，或是穿接串珠後，剩餘的針長是否超過1cm。想以T針或9針等針類穿接大型配件時，挑選穩固和較粗的針類就對了！

memo 雙耳的T針的圓圈方向與耳針的串接方向必須一致才會好看。

03 花形珍珠耳環

⇨ P.13

配置於五金配件

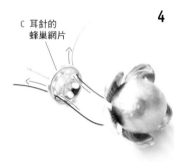

4

C 耳針的
蜂巢網片

單邊蠶絲線穿接蜂巢網片的孔，另一條
線則穿接其正對面的孔。

↓

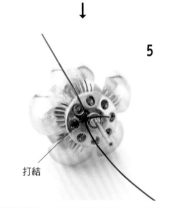

5

打結

蠶絲線交叉於蜂巢網片背面，打結固
定。

↓

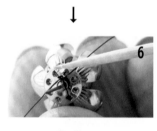

6

牙籤沾取接著劑塗抹於結頭，預留2至3
mm的蠶絲線剪斷，然後黏貼在蜂巢網片
上。以相同作法製作另一個耳環。

穿接串珠

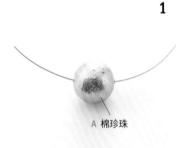

1

A 棉珍珠

穿接1顆棉珍珠，配置於25cm蠶絲線的
中央。

↓

2

B 花帽

將 **1** 放入花帽，蠶絲線從花瓣間隙繞到
花帽背面。

↓

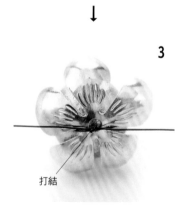

3

打結

蠶絲線交叉於花帽背面，打結固定。

完成尺寸：寬1.5×長1.5cm

材料

[灰色]

A 棉珍珠
（圓形・10mm・灰色）—— 2顆
B 花帽（花形・10mm・金色）- 2個
C 耳針（附蜂巢底座・金色）- 1副
D 蠶絲線（3號・透明）
—————————— 25cm×2條

[白色]

A 棉珍珠
（圓形・10mm・白色）—— 2顆
B 花帽（花形・10mm・金色）- 2個
C 耳針（附蜂巢底座・金色）- 1副
D 蠶絲線（3號・透明）
—————————— 25cm×2條

[米色]

A 棉珍珠
（圓形・10mm・米色）—— 2顆
B 花帽（花形・10mm・金色）- 2個
C 耳針（附蜂巢底座・金色）- 1副
D 蠶絲線（3號・透明）
—————————— 25cm×2條

工具

剪刀／接著劑／牙籤

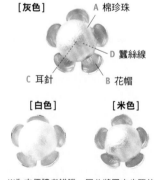

[灰色]
A 棉珍珠
D 蠶絲線
C 耳針
B 花帽

[白色]　　　[米色]

※為方便讀者辨識，因此將圖文步驟的
蠶絲線更換成黑色製作。

---

04 葉子 & 雨珠胸針

⇨ P. 13

製作配件

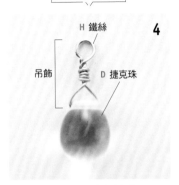

4

H 鐵絲
吊飾
D 捷克珠

利用鐵絲加工製作成捷克珠吊飾
（⇨P.182-⑤）。

串接配件

5

F 單圈

利用單圈將 **4** 的配件串接於金屬配件背面的圓環上（⇨ P.180-①）。

黏貼五金配件

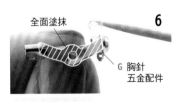

6

全面塗抹

G 胸針五金配件

以牙籤沾取接著劑，塗抹胸針五金配件，黏貼在金屬配件的背面。

黏貼珍珠

1

E 金屬配件

以牙籤沾取接著劑，塗抹金屬配件的3個立芯處。

↓

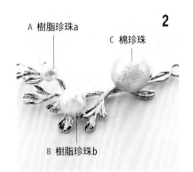

2

A 樹脂珍珠a
C 棉珍珠
B 樹脂珍珠b

如圖將樹脂珍珠a、b跟棉珍珠孔插入立芯處固定。

↓

3

牙籤沾取接著劑，塗抹金屬配件末端的圓環及樹脂珍珠b旁邊，然後黏貼2顆樹脂珍珠a。

完成尺寸：寬4×長2cm

材料

A 樹脂珍珠a（單孔・圓形・
4mm・奶油色）————3顆
B 樹脂珍珠b（單孔・圓形・
6mm・奶油色）————1顆
C 棉珍珠（圓形・8mm・奶油米色）
————1顆
D 捷克珠（橫孔・水滴形・
8mm・透明AB）————1顆
E 金屬配件（葉子背面附環・
17×36×2.5mm・金色）——1個
F 單圈（0.6×3mm・金色）——1個
G 胸針五金配件
（彎曲式・20mm・金色）——1個
H 鐵絲（0.3mm・金色）8cm——1條

工具

平口鉗／尖嘴鉗／斜剪鉗
接著劑／牙籤

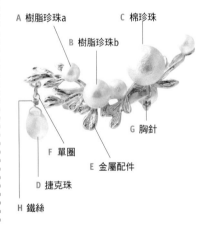

A 樹脂珍珠a
C 棉珍珠
B 樹脂珍珠b
G 胸針
F 單圈
E 金屬配件
D 捷克珠
H 鐵絲

E 手邊沒有與金屬配件相同的材料，可挑選符合胸針五金配件設計的配件。

memo 在塗抹接著劑前，請先將珍珠試插在「立芯處」。若立芯太長，可以斜剪鉗修剪調整。

05 黏貼製作的施華洛世奇項鍊&戒指

⇨ P.14

═══ 戒指 ═══ │ ═══ 項鍊 ═══

黏貼配件 │ **串接整體**

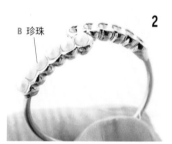

1

C 戒台五金配件

以牙籤沾取接著劑，塗抹戒台五金配件單側的6個鑲鑽空托。

↓

2

B 珍珠

逐一將珍珠黏貼固定於戒台五金配件的鑲鑽空托。另一側的鑲鑽空托同樣以牙籤塗抹接著劑，並鑲嵌施華洛世奇材料。

※大顆寶石戒台、開口戒台請參考下圖，以接著劑塗抹戒台，黏貼固定串珠。

1

B 爪座

A 施華洛世奇材料

將施華洛世奇材料放在爪座上，然後壓夾爪扣（⇨P.186-**15**）。

↓

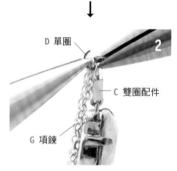

2

D 單圈

C 雙圈配件

G 項鍊

先以單圈串接**1**及雙圈配件。以一個單圈串接雙圈配件另一個圈與40cm的鍊子中央處。最後以單圈分別將鍊子兩端串接龍蝦勾及延長鍊。

完成尺寸：
項鍊／脖圍42cm
戒指／皆為單一尺寸

材料

[項鍊]

A 施華洛世奇（#4470·
　10mm·白蛋白石）————— 1顆
B 爪座（#4470用帶圈·
　10mm·金色）————— 1個
C 雙圈配件
　（鑲長方石·金色×透明）- 1個
D 單圈（0.6×3mm·金色）— 4個
E 龍蝦扣（金色）————— 1個
F 延長鍊（金色）————— 1條
G 項鍊（金色）——— 40cm×1條

[珍珠戒指]

A 珍珠（無孔·圓形·
　2mm·白色）————— 6顆
B 施華洛世奇材料（#2058·
　144C·透明）————— 6顆
C 戒台五金配件
　（鑲鑽空托開口戒·金色）- 1個

[大顆寶石戒指]

A 施華洛世奇材料（#4470·
　10mm·石榴石）————— 1顆
B 戒台五金配件（#4470用·
　10mm·金色）————— 1個

[開口戒]

A 棉珍珠（單孔·圓形·
　8mm·白色）————— 1顆
B 施華洛世奇材料（#86 301·
　單孔·8mm·透明）————— 1顆
C 戒台五金配件
　（開口戒兩側附碗形底座·金色）
　————————————— 1個

工具

平口鉗／尖嘴鉗／接著劑
牙籤

[珍珠戒指]

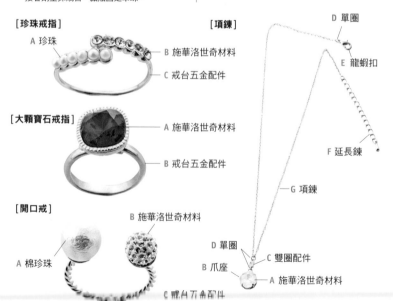

A 珍珠
B 施華洛世奇材料
C 戒台五金配件

[大顆寶石戒指]

A 施華洛世奇材料
B 戒台五金配件

[開口戒]

B 施華洛世奇材料
A 棉珍珠
C 戒台五金配件

[項鍊]

D 單圈
E 龍蝦扣
F 延長鍊
G 項鍊
D 單圈
C 雙圈配件
B 爪座
A 施華洛世奇材料

---

06 石榴石金屬手鍊

⇨ P.14

串接整體

3

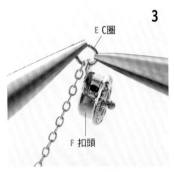

E C圈
F 扣頭

扣頭拆開一分為二，以C圈將其中一方扣頭串接於鍊子末端。

↓

4

仿照3的作法，以C圈將另一片扣頭串接於鍊子的另一端。

製作配件

1

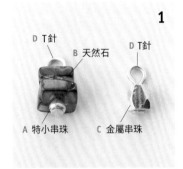

D T針　B 天然石　D T針
A 特小串珠　C 金屬串珠

以T針分別穿過特小串珠＆天然石及金屬串珠，折彎針頭製作成配件。（⇨P.180-3）。

串接配件

2

G 16cm鍊子的中央處。

鍊子穿接過1的配件，配置在鍊子中央處，再穿接金屬串珠配件。

完成尺寸：手圍17.5cm

材料
A 特小串珠（金色）————1顆
B 天然石（方形・4mm・石榴石）————2顆
C 金屬串珠（2.5mm・金色）—1顆
D T針（0.5×14mm・金色）—2根
E C圈（0.55×3.5×2.5mm・金色）————2個
F 扣頭（金色）————1副
G 鍊子（金色）————16cm×1條

工具
平口鉗／尖嘴鉗／斜剪鉗

F 扣頭
E C圈
G 項鍊
D T針
B 天然石
C 金屬串珠
A 特小串珠

POINT

檢查小天然石的開孔位置

偏邊緣
中心

天然石依種類而有五花八門的形狀。儘量挑選開孔靠近中心的石頭。開孔偏邊緣的石頭容易碎裂，挑選時需要多加注意。

ARRANGE

天然石的色彩會影響項鍊的整體氛圍

將串接的天然石更換成綠松石，頓時幻化為冷酷印象。利用各式各樣的天然石進行多方嘗試吧！

07 蕾絲耳環

━━━━━ 黑色 ━━━━━

串接配件

以**1**的單側繩頭夾串接**2**的配件。

↓

E 耳針

另一側的繩頭夾串接耳針。為了讓兩邊耳環能左右對稱,製作另一個耳環時改變蕾絲的正反面方向製作。

製作配件

D 繩頭夾
B 蕾絲
D 繩頭夾

以剪刀剪出1個編織圖案的長度的蕾絲,將兩端裝上繩頭夾。(⇨P.185-**11**)。

↓

C T針
A 捷克珠

以T針穿接捷克珠,折彎針頭製作配件(⇨P.180-**3**)。

完成尺寸:黑色／長5cm
褐色／長5cm
米色／長4.5cm

材料

[黑色]
A 捷克珠(水滴切割・7×5mm・青銅)————2顆
B 蕾絲(葉形・黑色)
————2個編織圖案的長度
C T針(0.5×14mm・金色)——2根
D 繩頭夾(1.5mm・金色)——4個
E 耳針(耳勾・金色)————1副

[褐色]
A 捷克棗珠(8mm・褐色)————2顆
B 梭編蕾絲(褐色)————2個
C T針(0.5×14mm・金色)——2副
D C圈(0.55×3.5×2.5mm・金色)
————2個
E 耳針(耳勾・金色)————1副

[米色]
A 捷克珠(水滴切割・4×6mm・褐色)————2顆
B 梭編蕾絲(米色)————2個
C C圈(0.55×3.5×2.5mm・金色)
————2個
D 三角圈(0.6×5mm・金色)–2個
E 耳針(耳勾・金色)————1副

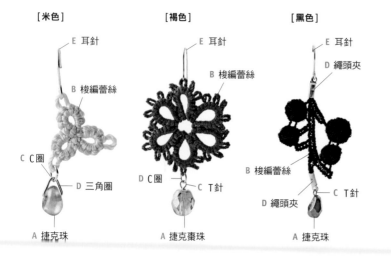

[米色]
E 耳針
B 梭編蕾絲
C C圈
D 三角圈
A 捷克珠

[褐色]
E 耳針
B 梭編蕾絲
D C圈
C T針
A 捷克棗珠

[黑色]
E 耳針
D 繩頭夾
B 梭編蕾絲
C T針
D 繩頭夾
A 捷克珠

工具

剪刀／平口鉗／尖嘴鉗／斜剪鉗

memo 蕾絲的正反面一目了然。一邊留意左右耳環朝向一邊製作,會讓美觀度更上一層樓。

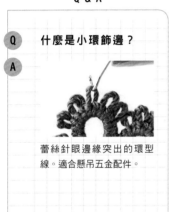

以 **2** 旁邊的小環飾邊串接耳針。為了讓左右耳環對稱，製作另一個耳環時請改變蕾絲的正反面方向製作。

Q & A

Q 什麼是小環飾邊？

A

蕾絲針眼邊緣突出的環型線。適合懸吊五金配件。

=== 米色 ===

製作配件

以三角圈穿接捷克珠製作配件。

串接配件

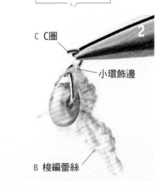

以C圈串接**1**配件的三角圈與梭編蕾絲邊緣的小環飾邊（⇨P.180-**1**）。

=== 褐色 ===

製作配件

以T針穿接捷克棗珠，折彎針頭製成配件（⇨P.180-**3**）。

串接配件

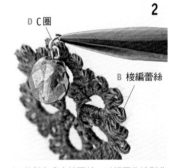

以**2**的對角處串接耳針。以相同作法製作**1**另一個耳環。

↓

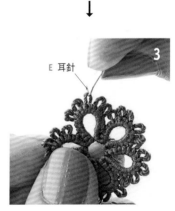

以**2**的對角處串接耳針。以相同作法製作另一個耳環。

POINT

盡情享受琳瑯滿目的蕾絲設計

市售蕾絲從蕾絲貼花到圖案相連的蕾絲帶等應有盡有。可以在銷售布料及緞帶的手藝店及網路商店搜尋。蕾絲無論是尺寸及花樣皆琳瑯滿目，最近還發展出色彩鮮明的蕾絲。由於搭配的串珠會改變蕾絲的整體氛圍，藉此享受變化多端的樂趣也是魅力所在。

08 珍珠彎管項鍊

⇨ P.16

穿接串珠

3

將金屬配件的圓弧調整成朝內彎。

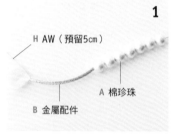

1

H AW（預留5cm）

A 棉珍珠

B 金屬配件

以紙膠帶將AW末端預留5cm後，以AW穿接金屬配件及7顆棉珍珠。

↓

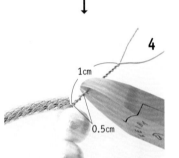

4

1cm

0.5cm

2條AW扭轉1cm。在0.5cm扭轉處以斜剪鉗剪斷。

↓

2

整體折成圓形，以較長端的AW再次穿接棉珍珠。

完成尺寸：成品長度6cm
項鍊長度66cm

材料

A 棉珍珠（圓形・8mm・白色）
　　　　　　　　　　　　　　　　 7顆
B 金屬配件（彎管・
　 2.2×46mm・金色）――― 1個
C 單圈（0.7×5mm・金色）― 4個
D 夾線頭（金色）――――― 2個
E 圓扣頭（金色）――――― 1個
F 延長鍊（金色）――――― 1條
G AW［藝術銅線＃26・不褪色金］
　　　　　　　　　　 35cm×1條
H 鍊子（金色）――― 30cm×2條
I 蠶絲線（3號・透明）
　　　　　　　　　　 20cm×2條

工具

平口鉗／尖嘴鉗／斜剪鉗
接著劑／紙膠帶
牙籤

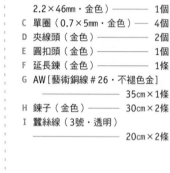

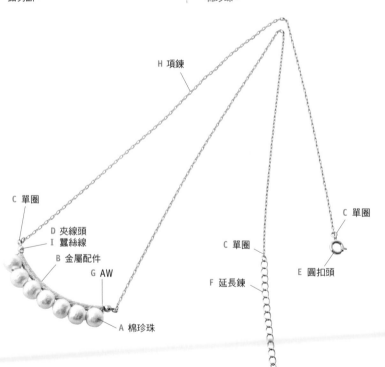

H 項鍊

C 單圈

D 夾線頭
I 蠶絲線

B 金屬配件

G AW

A 棉珍珠

C 單圈

C 單圈

F 延長鍊

E 圓扣頭

※為方便讀者辨識，因此將圖文步驟的
　蠶絲線更換成黑色製作

串接配件

11

I 項鍊
C 單圈
夾線頭圈

以**10**原本打開的夾線頭圈，分別串接單圈及鍊子。

↓

12

E 圓扣頭
F 延長鍊
C 單圈

鍊子兩端分別以單圈串接圓扣頭及延長鍊。

8

採用相同作法處理另一端，以夾線頭將蠶絲線收尾。

↓

9

閉合蠶絲線兩端的夾線頭圈。

↓

10

接著剖灌入金屬配件內來固定AW。

5

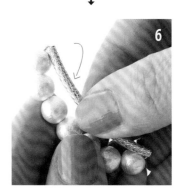

以平口鉗將剪過的AW末端塞入金屬配件中藏起來。

↓

6

金屬配件往內折，沿著珍珠來調整弧度。

↓

7

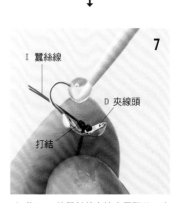

I 蠶絲線
D 夾線頭
打結

以2條20cm的蠶絲線穿接金屬配件，末端以夾線頭收尾（➡P.183-⑧）。

memo 本作品的設計關鍵在於彎管。由於市售設計・顏色・尺寸繁多，也可更換為喜歡的款式。

09 木珍珠耳環

⇨ P.16

組合完成

3

D 耳夾

以牙籤將耳夾的圓盤全面薄塗一層接著劑（⇨P.186-**16**）。

↓

4

將耳夾黏貼於**2**的木珍珠背面略上側的位置。以相同作法製作另一個耳環。

串接配件

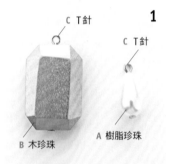

1

C T針

C T針

B 木珍珠

A 樹脂珍珠

以T針分別穿接珍珠及木珍珠，折彎針頭製成配件（⇨P.180-**3**）。

↓

2

分別打開在**1**製作配件其中一端的圈，將兩個配件串接起來（⇨P.180-**1**）。

完成尺寸：成品長度4cm

材料

[紫色]

A 樹脂珍珠（水滴形·
　7×13mm·白色）————2顆
B 木珍珠（方形·
　16×24mm·紫色）————2顆
C T針（0.7×20mm·金色）—4根
D 耳夾（圓盤·10mm·金色）-1副

[香檳色]

A 樹脂珍珠
　（圓形·6mm·白色）————2顆
B 木珍珠（方形·
　16×24mm·香檳色）————2顆
C T針（0.7×20mm·金色）—4根
D 耳夾（圓盤·10mm·金色）-1副

工具

平口鉗／尖嘴鉗
斜剪鉗／接著劑／牙籤

[紫色]

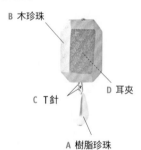

B 木珍珠

D 耳夾

C T針

A 樹脂珍珠

[香檳色]

POINT

變換形狀、尺寸及顏色，
依自己的喜好改造

將樹脂珍珠變更成圓形，對比奢華的水滴形，可呈現出小巧可愛的氣質。活用串珠的形狀及大小，改造成自身喜愛的印象。

---

memo　木珍珠是以珍珠將木頭材質串珠加工製作而成，特徵是重量輕盈。建議用來製作大型飾品。

11 不對稱耳環

⇨ P.16

製作配件

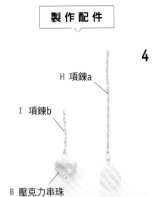

4

H 項鍊a
I 項鍊b
B 壓克力串珠

以AW穿接粉晶後，串接a鍊後加工成吊飾。AW穿接壓克力串珠後，串接b鍊後製作成眼鏡連結圈。

↓

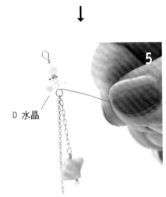

5

D 水晶

以別條AW穿接珍珠母、金屬配件和水晶，穿接2條4的鍊子後，製作眼鏡連結圈。

串接配件

6

打開耳針的圓環，穿接5的眼鏡連結圈的圓環。[長款]耳環即完成。

製作配件

1

G AW
A 粉晶

以AW穿接粉晶，加工製作成吊飾（⇨P.182-⑤）。

↓

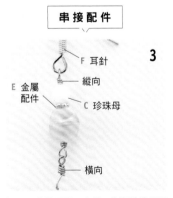

2

B 壓克力串珠

另一條AW穿接珍珠母、金屬配件跟壓克力串珠，與1的圓圈串接，加工製作眼鏡連結圈。（⇨P.181-④）

串接配件

3

F 耳針
縱向
E 金屬配件
C 珍珠母
橫向

打開耳針的圓圈，串接2的眼鏡連結圈的圓圈。串接時，以平口鉗將串接耳針的圈調整為縱向。[短款]耳環便完成。

完成尺寸：短款／長3.5cm
　　　　　長款／長6.5cm

材料

A　粉晶（水滴形橫孔・12×9mm）——————— 2顆
B　壓克力串珠（7×9mm・珊瑚粉紅色）——————— 2顆
C　珍珠母（圓形・4mm・白色）——————— 2顆
D　水晶（鈕釦切割・6mm）——— 1顆
E　金屬配件（雛菊・4mm・金色）——————— 2顆
F　耳針（魚鉤・金色）——————— 1副
G　AW[藝術銅線]（#26・不褪色黃銅）——————— 8cm×5條
H　a鍊（金色）——————— 4cm×1條
I　b鍊（金色）——————— 2cm×1條

工具

平口鉗／尖嘴鉗／斜剪鉗

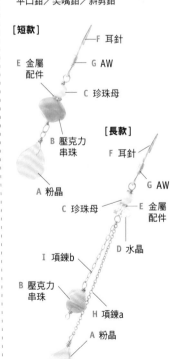

[短款]
F 耳針
E 金屬配件
G AW
C 珍珠母
B 壓克力串珠
A 粉晶

[長款]
F 耳針
G AW
C 珍珠母
E 金屬配件
D 水晶
I 項鍊b
B 壓克力串珠
H 項鍊a
A 粉晶

---

　memo　吊飾加工法是快速提昇飾品設計感的技法。製作作品前先多加練習吧！

10 羽毛簡約項鍊

⇨ P. 16

製作配件

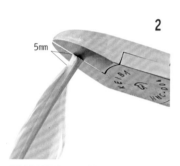

5mm

羽軸末端預留5mm，然後以斜剪鉗剪斷。

2

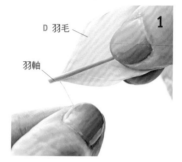

D 羽毛

羽軸

1

扯掉羽毛根部的羽片，留下1cm的羽軸。

完成尺寸：脖圍59cm
成品長度18.5cm

材料

A 施華洛世奇材料（#5328・
　4mm・透明）――――――― 8顆
B 水晶a（圓形・霧面加工・
　6mm）――――――――――― 1顆
C 水晶b（圓形・8mm）――― 1顆
D 羽毛（7cm・橘色）――――― 1根
E 金屬串珠（算盤形・
　4mm・金色）――――――― 3顆
F 金屬配件（樹枝・金色）―― 1個
G 花帽（6mm・金色）――――― 1個
H 單圈a（0.6×3mm・金色）― 1個
I 單圈b（0.6×4mm・金色）― 2個
J 圓頭T針（0.6×30mm・金色）
　――――――――――――――― 2根
K 繩頭夾（2mm・金色）――― 1個
L 龍蝦扣（金色）――――――― 1個
M 延長鍊（金色）――――――― 1條
N AW［藝術銅線］
　（#26・不褪色黃銅）
　――――――――――― 7cm×5條
O a鍊（附珠・金色）
　――――――――――― 7cm×1條、
　26cm×1條、26.5cm×1條
P b鍊（水藍色）
　――――――――― 11.5cm×1條、
　26cm×1條、26.5cm×1條

工具

平口鉗／尖嘴鉗／斜剪鉗

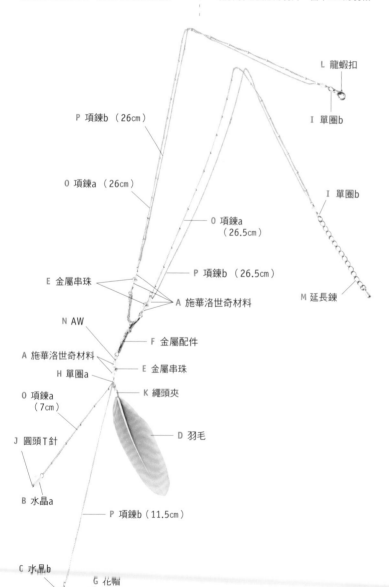

P 項鍊b（26cm）
O 項鍊a（26cm）
L 龍蝦扣
I 單圈b
O 項鍊a
（26.5cm）
I 單圈b
P 項鍊b（26.5cm）
M 延長鍊
E 金屬串珠
A 施華洛世奇材料
N AW
F 金屬配件
A 施華洛世奇材料
E 金屬串珠
H 單圈a
K 繩頭夾
O 項鍊a
（7cm）
J 圓頭T針
D 羽毛
B 水晶a
P 項鍊b（11.5cm）
C 水晶b
G 花帽

串接整體

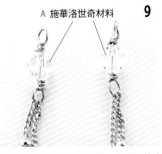

A 施華洛世奇材料 **9**

以AW分別穿接**8**鍊子末端，再以眼鏡連結圈串接施華洛世奇材料。

↓

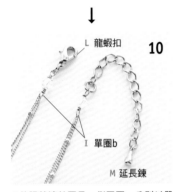

L 龍蝦扣 **10**

I 單圈b

M 延長鍊

9的眼鏡連結圈另一側圓圈，分別以單圈串接龍蝦扣及延長鍊。

↓

H 單圈a **11**

在**7**串接鍊子的眼鏡連結圈的圓圈，以單圈a串接於**4**製作的羽毛配件。

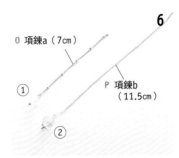

O 項鍊a（7cm） **6**

① ② P 項鍊b（11.5cm）

a鍊・7cm末端串接5的配件①，b鍊・11.5cm末端串接5的配件②。

↓

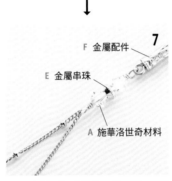

F 金屬配件 **7**

E 金屬串珠

A 施華洛世奇材料

以AW穿接**6**的2條鍊子的另一端，折彎成圈，接著穿接施華洛世奇材料和金屬串珠，最後加工成眼鏡連結圈來串接金屬配件（▷P.181-④）。

↓

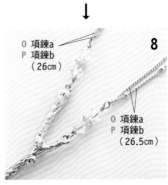

O 項鍊a P 項鍊b（26cm） **8**

O 項鍊a P 項鍊b（26.5cm）

以AW穿接金屬配件的其餘2圈，仿照**7**的作法以眼鏡連結圈串接串珠。以右側眼鏡連結圈的圓圈串接26.5cm的a・b鍊，左側圓圈則是串接26cm的a・b鍊。

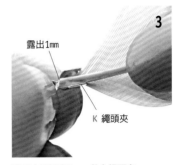

露出1mm **3**

K 繩頭夾

羽毛末端露出1mm，放上繩頭夾

↓

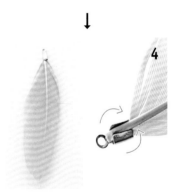

4

以平口鉗分次夾緊繩頭夾的單側夾片，固定成配件。（▷P.185-[11]）。

↓

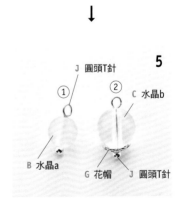

J 圓頭T針 **5**

① ② C 水晶b

B 水晶a

G 花帽 J 圓頭T針

圓頭T針穿接水晶①，折彎針頭製作配件。穿接花帽及水晶②，折彎針頭製作配件（▷P.180-[3]）。

---

memo 由於羽毛容易損壞，若使用完成作品時怕會弄壞羽毛，不妨更換配件，就能長期使用。

12 金屬設計手鍊

串接配件

2

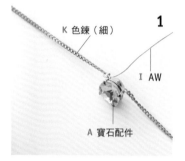

1

K 色鍊（細）

I AW

A 寶石配件

本圖是於兩端加工完畢的眼鏡連結圈。
儘量讓眼鏡連結圈製作的圈左右對稱。

以AW穿接寶石配件孔，串接色鍊（細）
的同時，於將兩端加工成眼鏡連結圈
（⇨P.181-**4**）。

完成尺寸：手圍17cm

材料

[粉紅色]

A 寶石配件（附玻璃底座・
   8×10mm・粉紅色）———— 1顆
B 施華洛世奇材料（＃5328・
   4mm・亞歷山大變石）———— 2顆
C 吊飾（星形・金色）———— 1個
D 單圈（0.5×3mm・金色）— 4個
E 龍蝦扣（金色）———— 1個
F 延長鍊（金色）———— 1條
G 水鑽鍊（＃110・2mm・
   綠松石×金色）———— 5顆石
H 鍊尾夾（＃110用・金色）— 2個
I AW[藝術銅線]（#28・
   不褪色黃銅）———— 8cm×3條
J 鍊子（金色）———— 5.5cm×2條
K 色鍊（細・黃色）— 6.5cm×2條
L 色鍊（粗・綠松石）
   ———————— 14.5cm×1條

[粉紅]

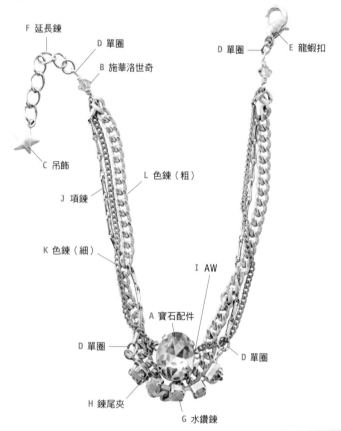

F 延長鍊
D 單圈
B 施華洛世奇
D 單圈
E 龍蝦扣
C 吊飾
L 色鍊（粗）
J 項鍊
K 色鍊（細）
I AW
A 寶石配件
D 單圈
D 單圈
H 鍊尾夾
G 水鑽鍊

※以【水晶玻璃】製作時，請更換
  為以下配件製作：A水晶玻璃、B
  薄荷雪花石、G紅紫×金、K藍、L
  紫。
  以【綠寶石】製作時，請更換為以
  下配件製作：A綠色、B紅紫色、G
  白蛋白×金色、K銀色、L駝色。

工具

平口鉗／尖嘴鉗／斜剪鉗

memo 眼鏡連結圈和吊飾的加工方法差別，在於一個是以鐵絲在配件上下製作出雙圈，另一個則是在飾品上部製作單圈。

項鍊

耳針・耳環

手鍊

7

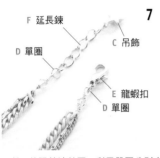

F 延長鍊
C 吊飾
D 單圈
E 龍蝦扣
D 單圈

至於 **6** 的眼鏡連結圈，利用單圈分別串接龍蝦扣及延長鍊。延長鍊末端以平口鉗打開鍊圈，串接上吊飾。

5

J 鍊子　　　　J 鍊子

D 單圈　　　　D 單圈

以單圈將 **4** 的鍊尾夾串接鍊子。

↓

6

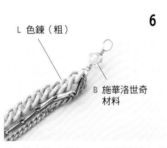

L 色鍊（粗）

B 施華洛世奇材料

將 **1** 的色鍊（細）、**5** 的鍊子及色鍊（粗）等三鍊的末端統一以AW穿接，最後以眼鏡連結圈串接施華洛世奇材料。三鍊的另一端也以相同方式串接。

3

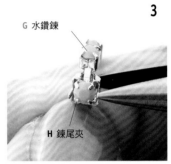

G 水鑽鍊

H 鍊尾夾

鍊尾夾放在水鑽鍊末端的石頭上，以平口鉗壓夾爪扣（▷P.185-**13**）。

↓

4

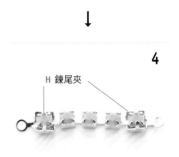

H 鍊尾夾

另一側也以相同作法裝上鍊尾夾。

[綠寶石]

B 施華洛世奇材料
L 色鍊（粗）
K 色鍊（細）
A 寶石配件
G 水鑽鍊

[水晶玻璃]

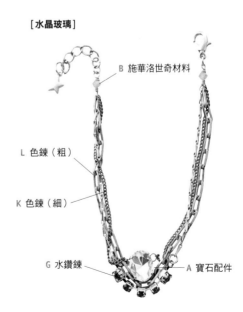

B 施華洛世奇材料
L 色鍊（粗）
K 色鍊（細）
G 水鑽鍊
A 寶石配件

戒指

髮飾

胸針

　memo　由於水鑽鍊（連爪扣）的石頭是鑲嵌製作，因此一次就得購買10至20cm。請以斜剪鉗剪斷使用。

以鮮明的
金屬配件
營造都會感

生冷剛硬的金屬素材，
瀰漫洗練的成熟風韻。
搭配串珠提昇性格魅力。

01 ⏱ 30分 穿接

金屬配件 & 棉珍珠
簡約手環

鬆散捆紮的金屬管配件，賦予飾品絕妙的圓形。
有了珍珠穿接其中後，就能成為女人味十足的手環。

HOW TO MAKE **P.38**

02 🕐 30分 〔串接〕

碎石套索Y形項鍊

將碎石形的金屬串珠串接鍊子製作的項鍊。
俐落的搭配樸素款上衣，
即能立刻展現不經意的隨性自在感。

HOW TO MAKE **P.39**

03

🕐 30分　串接　穿接

短鍊風金屬項鍊

性格的雙鍊項鍊，
以捷克珠和鍊子營造時下設計。
小顆金屬串珠為重點所在。

HOW TO MAKE　P.42

04

🕐 60分　纏繞

圓髮插

以鐵絲纏繞串珠和配件，
製作為華麗大型髮插。
是服飾穿搭的視覺焦點。

HOW TO MAKE　P.40-41

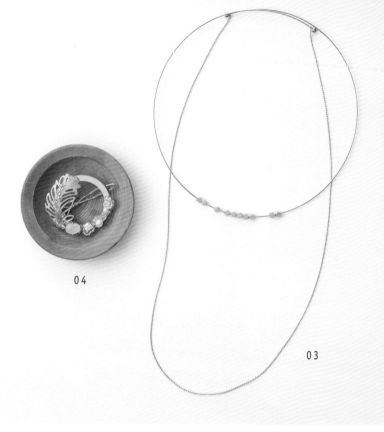

04

03

05

🕐 30分　串接

○△□金屬鍊戒指

僅是將三種不同造型的金屬環串接在一起，
即能勾勒出性格十足的鍊戒。
略帶特立獨行的設計，
搭配五金配件的顏色即能勾勒高貴印象。

HOW TO MAKE　P.43

07   06

07 🕐 30分 黏貼 串接

金屬配件
棉珍珠耳環

只要以接著劑黏貼金屬配件，
即能衍生出不同的形狀。
以小顆珍珠增添女人味。

HOW TO MAKE P.45

06 🕐 30分 串接

彎折金屬環 &
流蘇鍊耳環

將金屬鍊製作成流蘇的顯眼耳環。
翩然搖曳的輕盈姿態，
為臉龐營造女性的成熟韻味。

HOW TO MAKE P.44

⇨P.34

穿接配件

4

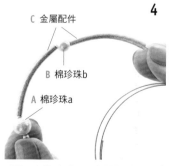

C 金屬配件
B 棉珍珠b
A 棉珍珠a

重複7次棉珍珠a→金屬配件→棉珍珠b→金屬配件的串接作業。

↓

5

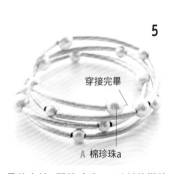

穿接完畢
A 棉珍珠a

最後串接1顆棉珍珠a。以斜剪鉗剪斷剩餘鐵絲。

↓

6

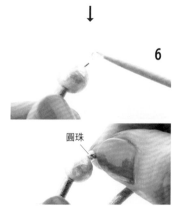

圓珠

以牙籤沾取接著劑塗抹鐵絲末端，插入鐵絲手環附贈的圓珠，待其乾燥。

1

D 鐵絲手鍊

以牙籤沾取接著劑，塗抹鐵絲手環的其中一端。

↓

2

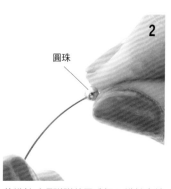

圓珠

將鐵絲手環附贈的圓珠插入鐵絲末端黏貼，等候乾燥。

↓

3

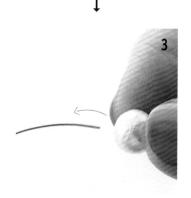

以2的另一端穿接珍珠。

完成尺寸：單一尺寸

材料

[金色]
A 棉珍珠a
　（圓形・8mm・奶油米色）── 8顆
B 棉珍珠b
　（圓形・6mm・奶油米色）── 7顆
C 金屬配件（彎管・2.3×36mm・
　消光金色）───────── 14個
D 鐵絲手鍊（3圈・金色）── 1個

[銀色]
A 棉珍珠a
　（圓形・6mm・奶油米色）── 7顆
B 棉珍珠b
　（圓形・8mm・奶油米色）── 8顆
C 金屬配件（彎管・2.3×36mm・
　消光銀色）───────── 14個
D 鐵絲手鍊
　（3圈・銀色）────── 1個

工具

接著劑／牙籤／斜剪鉗

[金色]

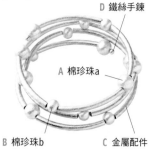

D 鐵絲手鍊
A 棉珍珠a
B 棉珍珠b
C 金屬配件

[銀色]

02　碎石套索Y形項鍊

⇨P.35

串接配件

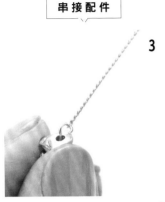

3

打開**2**的配件圈，串接在**1**的鍊子其中一端。

4

B 金屬配件　　C 單圈

鍊子另一端則以單圈串接金屬配件。

製作配件

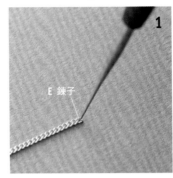

1

E 鍊子

以打孔錐加大70cm鍊子最末端的鍊圈。（⇨P.182-**6**）。

2

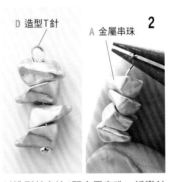

D 造型T針　　A 金屬串珠

以造型針串接4顆金屬串珠，折彎針頭製成配件（⇨P.180-**3**）。

POINT

配戴時猶如套索

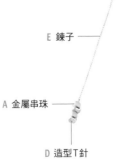

配戴項鍊時，碎石形金屬串珠會通過金屬環，形成Y形。所有配件統一採用金色，打造高貴設計感。

完成尺寸：脖圍74cm

材料

A 金屬串珠（碎石6×5mm・消光金色）————4顆
B 金屬配件（環・13.5mm・金色）————1個
C 單圈（0.6×3mm・金色）——1個
D 造型針（0.6×30mm・金色）————1根
E 鍊子（金色）——70cm×1條

工具

平口鉗／尖嘴鉗／斜剪鉗
打孔錐

E 鍊子

A 金屬串珠

D 造型T針

C 單圈

B 金屬配件

memo 套索意指無扣具的飾品或髮飾。可醞釀出時尚女人味，是近年的人氣單品。

04 圓髮插

⇨P.36

纏繞配件

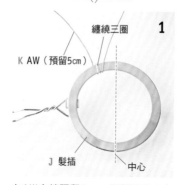

1

K AW（預留5cm）
纏繞三圈
J 髮插
中心

在AW末端預留5cm，從髮插的中心開始略朝左邊纏繞三圈。

↓

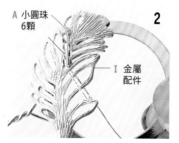

2

A 小圓珠 6顆
I 金屬配件

如圖以AW長端穿過金屬配件鏤空處，穿接6顆小圓珠。以AW穿過金屬配件的縫隙，讓小圓珠沿著金屬配件的線條串連。

↓

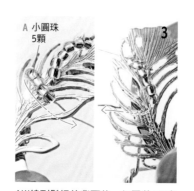

3

A 小圓珠 5顆

AW繞到髮插的背面後，如圖將AW穿過金屬配件鏤空處，再穿接5顆小圓珠。

4

將AW繞到髮飾五金配件背面，穿過金屬配件的鏤空處回到正面。

↓

5

A 小圓珠 5顆

AW穿接5顆小圓珠後，纏繞金屬配件鏤空處和髮插2圈後，將AW繞到髮插背面。

↓

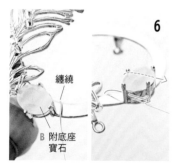

6

纏繞
B 附底座寶石

仿照箭頭分別以AW纏繞附底座寶石孔，與髮插固定後，在不通過串珠的情況下，纏繞髮插1圈。

完成尺寸：直徑4cm

材料

A 小圓珠（透明灌銀色）—— 32顆
B 附底座寶石（橢圓形・
  1.2×1.5mm・粉紅色×金色）
  ———————————— 1顆
C 蘇聯鑽（正方形附爪扣・
  5cm・透明×金色）——— 1顆
D 樹脂珍珠a
  （圓形・4mm・白色）—— 1顆
E 樹脂珍珠b
  （圓形・3mm・白色）—— 1顆
F 施華洛世奇材料a（＃5328・
  5mm・檸檬黃色AB）—— 1顆
G 施華洛世奇材料b（＃5328・
  5mm・透明）————— 1顆
H 竹管珠（3mm・金色）—— 3顆
I 金屬配件（羽毛・30mm・
  消光金色）————— 1個
J 髮插（環形・30mm・金色）- 2個
K AW［藝術銅線＃28・
  不褪色黃銅］—— 50cm×1條

工具

斜剪鉗／平口鉗或打孔錐

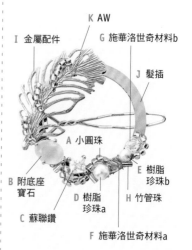

K AW
I 金屬配件
G 施華洛世奇材料b
J 髮插
A 小圓珠
B 附底座寶石
D 樹脂珍珠a
C 蘇聯鑽
E 樹脂珍珠b
H 竹管珠
F 施華洛世奇材料a

---

memo 金屬配件及纏繞的串珠會大幅改變飾品的印象，因此可以自由的改造設計。

項鍊

耳針・耳環

手鍊

戒指

髮飾

胸針

13

H 竹管珠

A 小圓珠7顆

運用 **10** 至 **12** 的手法，以AW穿接7顆小圓珠後沿繞蘇聯鑽，纏繞1圈。接著以AW穿接1顆竹管珠，再纏繞一圈。

↓

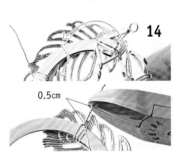

14

0.5cm

以AW穿接髮插背面及金屬配件鏤空處，從 **1** 留下的AW處穿出來。將2條AW扭轉1cm，留下0.5cm扭轉處後以斜剪鉗剪斷。

↓

15

隱藏

以平口鉗及打孔錐，將金屬配件及髮插飾品間隙處的鐵絲壓藏起來。最後以斜剪鉗剪掉金屬配件的圈。

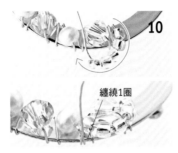

10

纏繞1圈

從 **9** 固定的部分開始，一邊固定串珠一邊往回纏繞。AW穿接5顆小圓珠，沿繞施華洛世奇材料b，最後在珍珠旁邊纏繞1圈。

↓

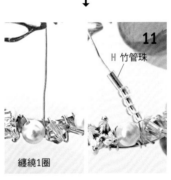

11

H 竹管珠

纏繞1圈

AW穿接一顆竹管珠後，在施華洛世奇材料a旁邊纏繞1圈。再使AW在不通過串珠的情況下，在樹脂珍珠a旁邊纏繞1圈。

↓

12

穿接4顆小圓珠及1顆竹管珠，然後沿繞樹脂珍珠a，以AW在蘇聯鑽旁邊纏繞1圈。

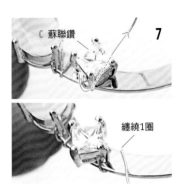

C 蘇聯鑽

7

纏繞1圈

AW穿接蘇聯鑽後纏繞1圈，在不通過串珠的情況下，纏繞髮插1圈。

↓

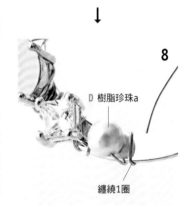

8

D 樹脂珍珠a

纏繞1圈

AW穿接樹脂珍珠a後纏繞1圈，在不通過串珠的情況下，纏繞髮插1圈。

↓

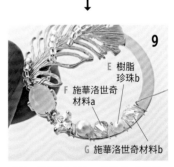

9

E 樹脂珍珠b

F 施華洛世奇材料a

G 施華洛世奇材料b

運用 **8** 的相同手法，穿接串珠纏繞1圈，在不通過串珠的情況下，纏繞髮插1圈。重複本手法，依序纏繞施華洛世奇材料a、樹脂珍珠b、施華洛世奇材料b。

03 短鍊風金屬項鍊

⇨P.36

穿接串珠

4

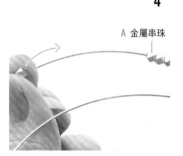

A 金屬串珠

以鐵絲項鍊五金配件串接10顆金屬串珠。

↓

5

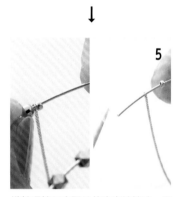

鐵絲項鍊五金配件依序穿接擋珠，與3穿接的鍊子另一端後，以牙籤沾取接著劑塗抹鐵絲項鍊五金配件的末端，鑲入附屬的圓珠。

組合完成

6

壓扁

待接著劑乾後，將鍊子跟擋珠移到5的圓珠旁邊，以平口鉗壓扁擋珠。

串接配件

1

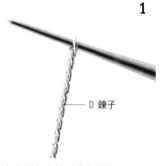

D 鍊子

以打孔錐加大鍊子最末端的鍊圈（⇨P.182-⑥）。

↓

2

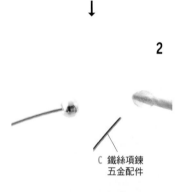

C 鐵絲項鍊五金配件

以牙籤沾取接著劑，塗抹項鍊五金配件的末端，將鍊子附贈的圓珠鑲入鐵絲末端。

↓

3

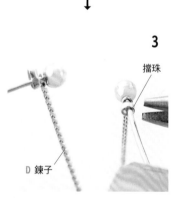

擋珠

D 鍊子

待接著劑乾掉後，依序將鍊子及擋珠穿接到2的圓珠隔壁，以平口鉗壓扁擋珠。

完成尺寸：單一尺寸

材料

A 金屬串珠（方形切割・3mm・金色）——— 10顆
B 擋珠（1.5mm・金色）——— 2顆
C 鐵絲項鍊五金配件（金色）——— 1個
D 鍊子（金色）——— 47cm×1條

工具

平口鉗／打孔錐／接著劑牙籤

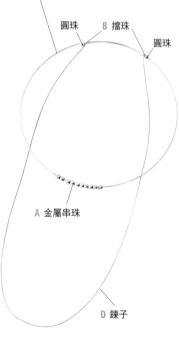

C 鐵絲項鍊五金配件
圓珠　　B 擋珠
圓珠
A 金屬串珠
D 鍊子

---

memo 以短鍊款設計打造受歡迎的鐵絲項鍊。雖然本作品搭配細鍊，但單以鐵絲項鍊製作也很好看。

05 ○△□金屬鍊戒指

⇨P.36

串接配件

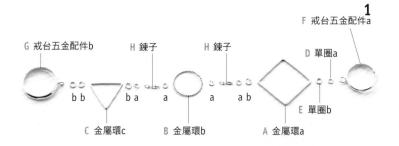

1

G 戒台五金配件b　H 鍊子　　H 鍊子　　F 戒台五金配件a
　　　　　　　　　　　　　　　　　　　D 單圈a
　　　b b　　　b a　　a　　a　　a b
C 金屬環c　　B 金屬環b　　A 金屬環a　　E 單圈b

參考上圖，從末端依序串接金屬環a、b、c，戒台五金配件a、b及單圈a、b。

完成尺寸：單一尺寸

材料

A 金屬環a
　（方形・20mm・金色）——— 1個
B 金屬環b（圓形扭紋環・
　15mm・金色）——————1個
C 金屬環c（三角形・
　15mm・金色）——————1個
D 單圈a（0.6×3mm・金色）
　———————————————5個
E 單圈b（0.6×3.5mm・金色）
　———————————————5個
F 戒台五金配件a
　（帶圈・16mm・金色）——— 1個
G 戒台五金配件b
　（帶圈・18mm・金色）——— 1個
H 鍊子（金色）——— 0.8cm×2條

工具

平口鉗／尖嘴鉗／斜剪鉗

POINT

配戴時讓金屬環往下垂

戴中指
戴小指

本設計採用雙指戒設計。小戒指配戴於小指，大戒指配戴於中指。

組合完成

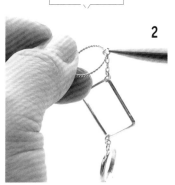

2

確實閉合單圈。

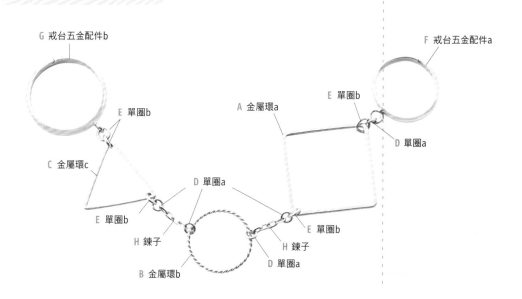

G 戒台五金配件b
E 單圈b
C 金屬環c
E 單圈b
H 鍊子
B 金屬環b
D 單圈a
A 金屬環a
E 單圈b
D 單圈a
H 鍊子
F 戒台五金配件a
E 單圈b
D 單圈a

memo　金屬圈已發展出琳瑯滿目的形狀與各式加工款，可依個人喜好挑選，享受千變萬化的組合樂趣。

06 彎折金屬環&流蘇鍊耳環

⇨ P.37

串接配件

4

A 金屬配件

打開流蘇鍊的單圈，串接金屬配件。

↓

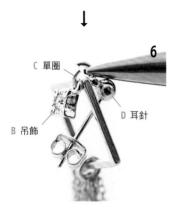

5

仿照 4 的作法，以流蘇鍊的單圈串接所有金屬配件。

↓

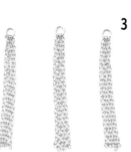

6

C 單圈
B 吊飾
D 耳針

在 **5** 串接流蘇鍊的對角處，以單圈串接耳針及吊飾。製作時要注意耳環垂下時，所有配件都是朝向正面。重複 **3** 至 **5** 的作法製作另一個耳環。

製作配件

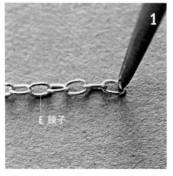

1

E 鍊子

以打孔錐加大30條鍊子其中一端的鍊圈。（⇨P.182-[6]）。

↓

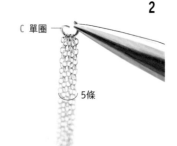

2

C 單圈
5條

以單圈穿接5條鍊子，再以平口鉗閉合單圈製作流蘇鍊。

↓

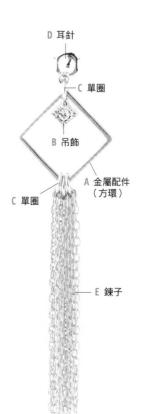

3

仿照 **2** 的作法製作3條流蘇鍊。

D 耳針
C 單圈
B 吊飾
A 金屬配件（方環）
C 單圈
E 鍊子

完成尺寸：寬1.7×長6.5cm

材料

A 金屬配件（方環‧13mm‧金色）
　　　　　　　　　　　　　　　2個
B 吊飾（鑲鑽方墊台‧7×5mm‧
　　透明×金色）───────2個
C 單圈（0.7×4mm‧金色）
　　　　　　　　　　　　　　　8個
D 耳針（帶圈‧金色）──── 1副
E 鍊子（金色）──── 4cm×30條

工具

平口鉗／斜剪鉗／打孔錐

---

07 金屬配件棉珍珠耳環

⇨ P.37

串接配件

4

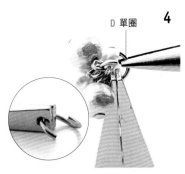

D 單圈

以單圈穿接 **2** 的金屬配件孔，依照棉珍珠→樹脂珍珠的順序交互穿接 **3** 的配件，再以平口鉗閉合單圈。

組合完成

5

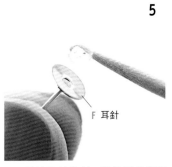

F 耳針

以牙籤沾取接著劑，塗抹耳針的圓盤。

↓

6

將金屬配件黏貼在耳環配件上。由於沒有分正反面，所以貼在哪一面都可以。以相同作法製作另一個耳環。

黏貼配件

1

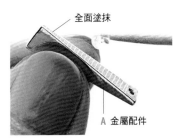

全面塗抹

A 金屬配件

以牙籤將金屬配件的側面全面塗抹接著劑。

↓

2

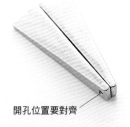

開孔位置要對齊

另一個金屬配件對齊黏貼 **1** 的側面。黏貼時要留意2個金屬配件的開孔位置有對齊，沒有偏離。

↓

3

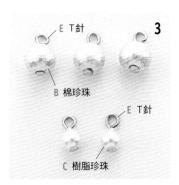

E T針

B 棉珍珠

E T針

C 樹脂珍珠

以T針穿接串珠，折彎針頭製成配件。共有3顆棉珍珠及2顆樹脂珍珠（⇨P.180-③）。

完成尺寸：長6.5cm

材料

A 金屬配件（棒狀梯形橫孔・2.2×6mm・金色）———— 4個
B 棉珍珠（圓形・6mm・奶油米色）———— 6顆
C 樹脂珍珠（圓形・4mm・白色）———— 4顆
D 單圈（0.8×6mm・金色）———— 2個
E T針（0.6×20mm・金色）———— 10根
F 耳針（圓盤・金色）———— 1副

工具

平口鉗／尖嘴鉗
斜剪鉗／接著劑／牙籤

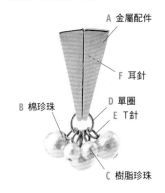

A 金屬配件

F 耳針

D 單圈
E T針

B 棉珍珠

C 樹脂珍珠

ARRANGE

改用銀色後，化身為酷炫印象

使用金屬配件多半會偏向選擇金色系，但也建議配合五金配件一併更換成銀色來製作看看。原本的可愛感頓時會轉變為時尚酷炫的印象。

更具女性魅力的
珍珠飾品

任何時尚穿搭,
只要融入一顆珍珠,
即能展現女人風韻。

01 ⏱ 120分 編織 穿接

捷克珠耳環 &
珍珠項鍊

想在特別日子配戴的飾品。
將樸素的珍珠穿接起來即完成。
在耳畔以相同珍珠製作成的耳環展現高品味。

HOW TO MAKE P.52-53

02 ⏱ 60分 穿接

淡水珍珠長鍊

以散發大海氣息的金屬配件，
穿接帶躍動感的淡水珍珠。
由於款式簡單，
是不挑服裝風格的百搭款項鍊。

HOW TO MAKE P.54-55

03 🕒 60分 [穿接] [串接]

珍珠兩用飾品

簡單穿接兩種珍珠打造的飾品，
可以作項鍊及手鍊兩種用途。

HOW TO MAKE **P.56**

項錬

耳針・耳環

手鍊

戒指

髮飾

胸針

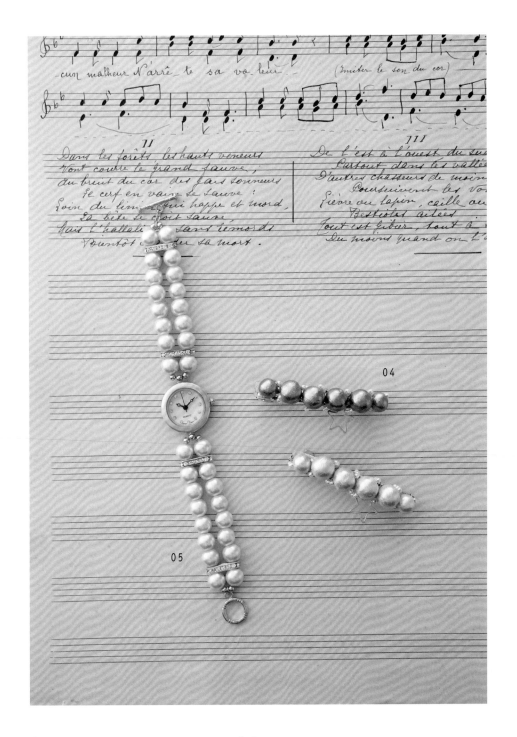

05 🕐 120分 串接 穿接

珍珠手錶

不顯老又秀麗高貴的手錶。
形成穿搭的視覺焦點。

HOW TO MAKE P.60-61

04 🕐 60分 纏繞 穿接

珍珠 & 星形髮夾

以鐵絲將串珠固定在五金配件製作的髮夾。
有了金屬配件的點綴，
流露一股說不出的俏皮可愛感。

HOW TO MAKE P.58-59

06 ⏱ 120分 纏繞

珍珠 & 花卉
髮插

僅是插在髮內即能襯托髮束的特色，
以大量花及珍珠，
打造惹人憐愛的設計單品。

HOW TO MAKE P.62-63

08　　　　　　　　07

08　🕐 60分　穿接　串接

小顆珍珠 &
金屬配件耳環

穿接小顆珍珠及金屬串珠，
是簡單卻頗具分量感的耳環。
改變珍珠顏色製作也別有樂趣。

HOW TO MAKE　P.57

07　🕐 100分　編織

民族風
珠寶耳環

獨領風騷的大型設計，
運用珍珠及蘇聯鑽烘托出高貴感。
輝映盤髮造型的華麗感頗具魅力。

HOW TO MAKE　P.64-65

01 捷克珠耳環 & 珍珠項鍊

⇨P.46

=== 耳環 ===

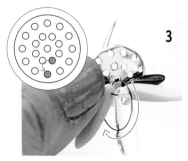

3

長端的蠶絲線穿出蜂巢網片的指定孔，跨過穿有捷克珠的蠶絲線上方，然後再穿過指定孔。最後將線拉緊固定以免串珠鬆動。

↓

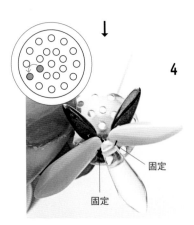

4

固定
固定

以 **3** 的相同手法，再以蠶絲線穿過指定孔，同樣在另一處固定串珠。

↓

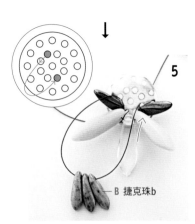

5

B 捷克珠b

蠶絲線從蜂巢網片的指定孔穿到正面後，穿接3顆捷克珠b，再穿過指定孔拉緊。

編織作品

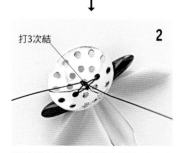

1

預留10cm

蜂巢網片
H 蠶絲線
A 捷克珠a
C 捷克珠c
D 捷克珠d

於蠶絲線末端預留10cm後，如圖中順序穿接3種捷克珠。以蠶絲線穿過耳針蜂巢網片的指定孔。

↓

2

打3次結

蠶絲線交叉於蜂巢網片背面，打3次結。

[項鍊]　E OT扣

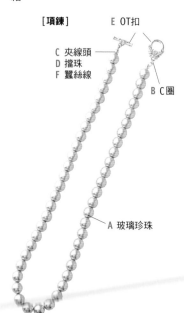

C 夾線頭
D 擋珠
F 蠶絲線

B C圈

A 玻璃珍珠

完成尺寸：
耳環／寬2.5×長3cm
項鍊／脖圍43.5cm

材料

[耳環]

A 捷克珠a（匕首形・3×10cm・青銅）──────── 4顆

B 捷克珠b（匕首形・3×10cm・古董霧藍色）──── 6顆

C 捷克珠c（匕首形・5×16cm・透明）──────── 2顆

D 捷克珠d（匕首形・5×16cm・不透光米色）─── 4顆

E 玻璃珍珠（圓形・6mm・粉紅米色）──────── 6顆

F 棉珍珠（圓形・8mm・白色）
──────────────── 2顆

G 耳針（附蜂巢網片・14mm・金色）─────── 1副

H 蠶絲線（3號・透明）
──────────── 45cm×2條

[項鍊]

A 玻璃珍珠（圓形・8mm・粉紅米色）──── 51顆

B C圈（0.7×4mm・金色）── 2個

C 夾線頭（金色）──────── 2個

D 擋珠（金色）──────── 2顆

E OT扣（金色）──────── 1顆

F 蠶絲線（3號・透明）
──────────── 60cm×1條

工具

平口鉗／斜剪鉗／剪刀／接著劑

[耳環]

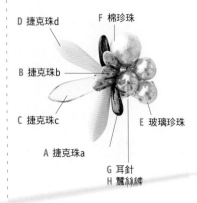

D 捷克珠d
F 棉珍珠
B 捷克珠b
C 捷克珠c
E 玻璃珍珠
A 捷克珠a
G 耳針
H 蠶絲線

═══ 項鍊 ═══

配置夾線頭

1

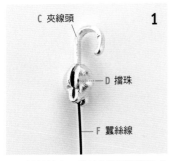

C 夾線頭
D 擋珠
F 蠶絲線

於蠶絲線其中一端以夾線頭及擋珠收尾（⇨P.183-⑧）。

穿接串珠

2

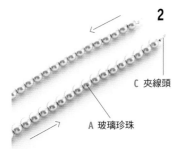

C 夾線頭
A 玻璃珍珠

以蠶絲線穿接51顆玻璃珍珠，另一端蠶絲線也以夾線頭及擋珠收尾。

組合完成

3

E OT扣
B C圈

以C圈串接OT扣與夾線頭。

9

打3次結

以蠶絲線在背面打3次結。以接著劑塗抹結頭後，剪掉多餘的線。

組合完成

10

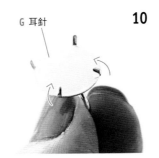

G 耳針

將蜂巢網片配置於耳針上。先以平口鉗壓彎2根爪扣（⇨P.186-⑭）。

↓

11

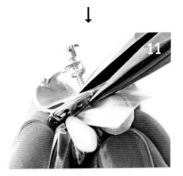

蜂巢網片推入壓彎的2根爪扣下，以平口鉗壓夾其餘爪扣。壓夾爪扣時，為避免傷到五金配件，請以布或是較厚的塑膠片鋪在網片上。製作另一個耳環時要儘量左右對稱。

6

E 玻璃珍珠

蠶絲線穿出蜂巢網片的孔後，穿接3顆玻璃珍珠，再穿回第一顆玻璃珍珠孔形成圓圈。

↓

7

蠶絲線穿過蜂巢網片的指定孔，然後拉緊。

↓

8

F 棉珍珠

蠶絲線穿出蜂巢網片的指定孔後，穿接1顆棉珍珠，接著穿入指定孔後拉緊線。

---

02 淡水珍珠長鍊

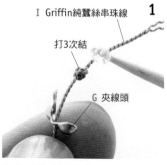

穿接串珠

2

打結

1

Ⅰ Griffin純蠶絲串珠線

打3次結

G 夾線頭

將**1**的結頭收到夾線頭內，以平口鉗閉合夾線頭。在夾線頭旁邊再以串珠線打1次結。

拆掉Griffin純蠶絲串珠線的紙板，直接使用線前端的針進行穿接作業。先穿接夾線頭，再以無針端的線打3次結。在結頭塗抹接著劑，以剪刀剪掉右端多餘的線。

完成尺寸：脖圍105cm

材料

[灰色]

A 淡水珍珠a（馬鈴薯形・4至4.5mm・灰色）——— 174顆
B 淡水珍珠b（米粒形・5×8mm・灰色）——— 14顆
C 吊飾（雙圈珊瑚枝・銀色）— 1個
D 金屬環（金色）——— 1個
E T針（0.6×20mm・銀色）— 1根
F 單圈（0.8×4mm・銀色）— 4個
G 夾線頭（銀色）——— 4個
H 龍蝦扣（銀色）——— 1個
I Griffin純蠶絲串珠線
　（No.4・0.6mm・灰色）— 1個

[白色]

A 淡水珍珠a（馬鈴薯形・4至4.5mm・白色）——— 174顆
B 淡水珍珠b（米粒形・5×8mm・白色）——— 14顆
C 吊飾（雙圈珊瑚枝・金色）— 1個
D 金屬扣環（金色）——— 1個
E T針（0.6×20mm・金色）— 1根
F 單圈（0.8×4mm・金色）— 4個
G 夾線頭（金色）——— 4個
H 龍蝦扣（金色）——— 1個
I Griffin純蠶絲串珠線
　（No.4・0.6mm・白色）— 1個

工具

平口鉗／打孔錐／剪刀

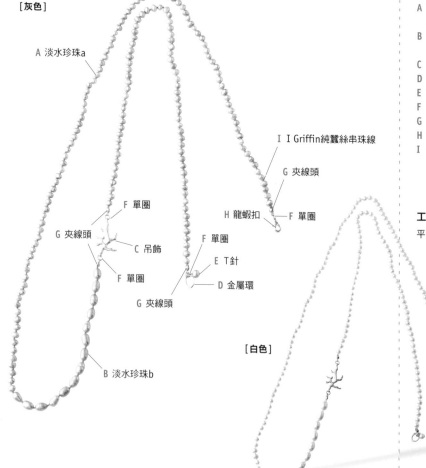

[灰色]

A 淡水珍珠a

F 單圈
G 夾線頭
C 吊飾
F 單圈
G 夾線頭
B 淡水珍珠b

Ⅰ Ⅰ Griffin純蠶絲串珠線
G 夾線頭
H 龍蝦扣 — F 單圈
F 單圈
E T針
D 金屬環
F 單圈

[白色]

項鍊

耳針·耳環

手鍊

戒指

髮飾

胸針

9

配件③　E T針

A 淡水珍珠a

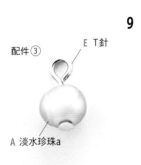

以T針穿接淡水珍珠a，折彎針頭製作1個配件③（⇨P.180-③）。

↓

10

H 龍蝦扣　　D 金屬環

F 單圈

③

①　　②

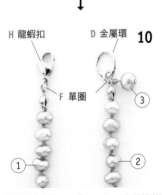

以單圈串接配件①的另一端與龍蝦扣。配件②的另一端以單圈串接配件③及金屬扣環。

6

以平口鉗閉合夾線頭，剪掉多餘的串珠線後，配件①即完成。

↓

7

配件①

配件②

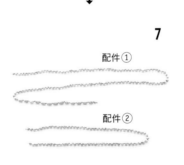

仿照**1**至**6**的作法，穿接71顆淡水珍珠a製作配件②。

組合完成

②　　**8**

C 吊飾

F 單圈

①

F 單圈

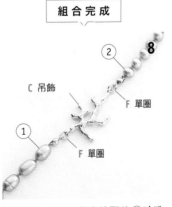

以單圈分別為吊飾串接配件①珍珠b側的夾線頭，以及配件②的夾線頭。

3

A 淡水珍珠a

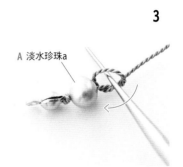

穿接1顆淡水珍珠a後，以Griffin純蠶絲串珠線打1次結，再以打孔錐將結頭推到珍珠旁邊，拉緊線。

↓

4

上圖為Griffin純蠶絲串珠線打結完畢。只要結頭與珍珠毫無間隙，而且有確實拉緊即可。

↓

5

打3次結

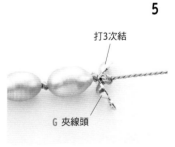

G 夾線頭

每穿接1顆珍珠就以串珠線打1個結。穿接102顆淡水珍珠a及14顆淡水珍珠b，最後以串珠繩再打1次結。穿接夾線頭後，仿照**1**的手法打3次結，在結頭塗抹接著劑。

　memo　本項鍊並非純用穿接手法，還有融入繩結增添設計感。打結時要使勁拉緊串珠線，結頭才不會鬆動。

⇨P.48

將蠶絲線末端收尾

3

仿照**1**的作法，以夾線頭及擋珠將蠶絲線尾端收尾。

將蠶絲線末端收尾

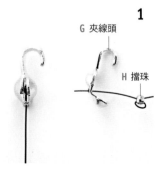

1

G 夾線頭

H 擋珠

蠶絲線末端穿接夾線頭及擋珠，以平口鉗壓扁擋珠，閉合夾線頭將蠶絲線其中一端收尾（⇨P.183-⑧）。

完成尺寸：脖圍39cm

材料

[綠色]

A	玻璃珍珠a（圓形・6mm・綠色）	11顆
B	玻璃珍珠b（圓形・8mm・綠色）	15顆
C	玻璃珍珠c（圓形・6mm・銀色）	11顆
D	玻璃珍珠d（圓形・8mm・銀色）	15顆
E	吊飾（星星・金色）	1個
F	單圈（0.8×5mm・金色）	3個
G	夾線頭（金色）	2個
H	擋珠（金色）	2顆
I	OT扣（金色）	1顆
J	蠶絲線（3號・透明）	60cm×1條

[米色]

A	玻璃珍珠a（圓形・6mm・米色）	11顆
B	玻璃珍珠b（圓形・8mm・米色）	15顆
C	玻璃珍珠c（圓形・6mm・白色）	11顆
D	玻璃珍珠d（圓形・8mm・白色）	15顆
E	吊飾（星星・金色）	1個
F	單圈（0.8×5mm・金色）	3個
G	夾線頭（金色）	2個
H	擋珠（金色）	2顆
I	OT扣（金色）	1組
J	蠶絲線（3號・透明）	60cm×1條

串接零件

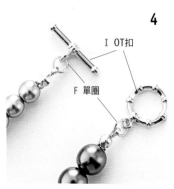

4

I OT扣

F 單圈

以單圈串接OT扣環及吊飾。

↓

5

F 單圈

E 吊飾

以單圈串接OT扣環及吊飾。

穿接串珠

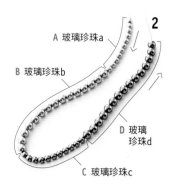

2

A 玻璃珍珠a

B 玻璃珍珠b

D 玻璃珍珠d

C 玻璃珍珠c

以蠶絲線穿接過所有的玻璃珠a、b、c、d。

[綠色]

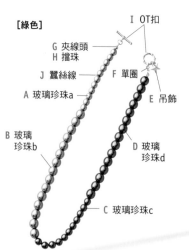

I OT扣

G 夾線頭
H 擋珠

J 蠶絲線

A 玻璃珍珠a

F 單圈

E 吊飾

B 玻璃珍珠b

D 玻璃珍珠d

C 玻璃珍珠c

工具

平口鉗／尖嘴鉗／剪刀
打孔錐

[米色]

※為方便讀者辨識，因此將圈爪步驟的蠶絲線更換成黑色製作。

LESSON ③ 更具女性魅力的珍珠飾品

項鍊

耳針・耳環

手鍊

戒指

髮飾

胸針

08　小顆珍珠＆金屬配件耳環

⇨P.51

穿接串珠

1

①	★	A 樹脂珍珠18顆	★
②	★	A 樹脂珍珠20顆	★
		A 樹脂珍珠22顆	★
③			

★=B金屬串珠3顆

3條蠶絲線（①至③）如圖穿接串珠。

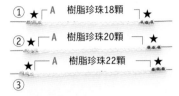

4

以平口鉗閉合夾線頭。

配置夾線頭

2

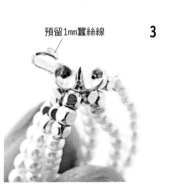

D 擋珠
C 夾線頭

將1的3條蠶絲線的兩端集合起來，6條蠶絲線統一穿接到同1個夾線頭和擋珠內。

↓

3

預留1mm蠶絲線

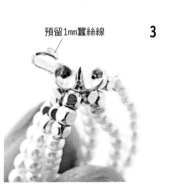

拉緊蠶絲線，以平口鉗壓扁擋珠。預留1mm的蠶絲線後，以剪刀剪掉後面。

串接五金配件

5

E 耳針

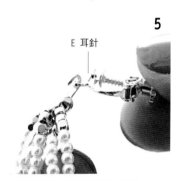

以夾線頭的勾環穿接耳夾的圈。

↓

6

折彎

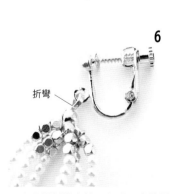

以尖嘴鉗折彎夾線頭勾環，串接耳夾。以相同作法製作另一個耳環。

完成尺寸：長3cm

材料

A 樹脂珍珠（圓形・3mm・白色）──────── 120顆
B 金屬串珠（方形・3mm・金色）──────── 36顆
C 夾線頭（金色）──────── 2顆
D 擋珠（金色）──────── 2顆
E 耳針（帶圈・金色）──────── 1副
F 蠶絲線（3號・透明）──────── 20cm×6條

工具

平口鉗／尖嘴鉗

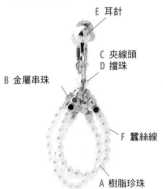

E 耳針
C 夾線頭
D 擋珠
B 金屬串珠
F 蠶絲線
A 樹脂珍珠

※為方便讀者辨識，因此將圖文步驟的蠶絲線更換成黑色製作。

A R R A N G E

將既有珍珠直接轉變印象的方法

若還有相同顏色・大小的珍珠剩餘下來，不妨試著將五金配件及金屬串珠更換成銀色製作。由於珍珠是基本款，無論搭配金色還是銀色都很適合。

---

memo　夾線頭及擋珠是蠶絲線作品少不了的配件。不擅使用者請事先多加練習確實完成作品。

04 珍珠＆星形髮夾

⇨P.49

穿接串珠

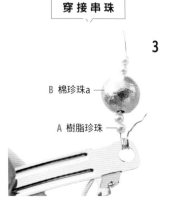

3

B 棉珍珠a
A 樹脂珍珠

以長端的AW依序穿接2顆樹脂珍珠、棉珍珠a及2顆樹脂珍珠。

↓

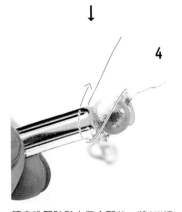

4

讓串珠緊貼髮夾五金配件，將AW纏繞到髮夾五金配件下方。

纏繞鐵絲

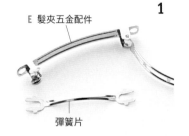

1

E 髮夾五金配件
彈簧片

將髮夾五金配件背面的彈簧片拆掉。

↓

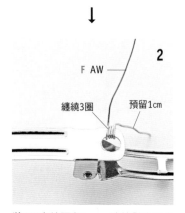

2

F AW
纏繞3圈　預留1cm

將AW末端預留1cm，纏繞髮夾五金配件末端開孔3圈。

完成尺寸：寬6×長1cm

材料

[灰色]

A 樹脂珍珠（圓形・2mm・白色）
————————— 32顆

B 棉珍珠a（圓形・8mm・灰色）
————————— 2顆

C 棉珍珠b（圓形・10mm・灰色）
————————— 4顆

D 金屬配件（星星・11mm・銀色）
————————— 1個

E 髮夾五金配件（0.7×6cm・金色）———— 1個

F AW［藝術銅線］（#26・不褪色黃銅）———— 50cm×1條

[白色]

A 樹脂珍珠
（圓形・2mm・白色）—— 32顆

B 棉珍珠a（圓形・8mm・奶油米色）————— 2顆

C 棉珍珠b（圓形・10mm・奶油米色）————— 4顆

D 金屬配件（星星・11mm・金色）
————————— 1個

E 髮夾五金配件（0.7×6cm・金色）———— 1個

F AW［藝術銅線］（#26・不褪色黃銅）———— 50cm×1條

工具

斜剪鉗／平口鉗

[白色]

[灰色]

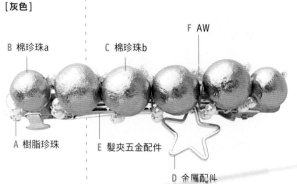

F AW
B 棉珍珠a　C 棉珍珠b
A 樹脂珍珠
E 髮夾五金配件
D 金屬配件

10

若AW末端突出來會勾頭髮，細部調整必須確實作好。

↓

11

彈簧片

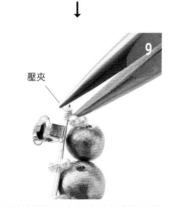

將拆掉的彈簧片裝回去。

POINT

以手指按壓
確實固定

按壓

為避免小顆樹脂珍珠跑到髮夾五金配件的背面，手指按壓固定樹脂珍珠兩側的AW即可。

8

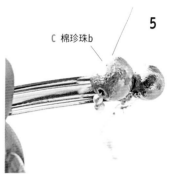

纏繞3圈

AW穿接完所有串珠後，纏繞髮夾五金配件末端的開孔3圈。

↓

9

壓夾

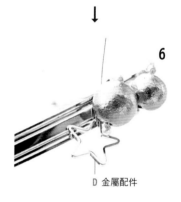

以斜剪鉗把髮夾五金配件背面多餘的AW剪掉，再以平口鉗將AW末端壓平。

5

C 棉珍珠b

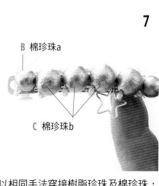

以AW依序穿接2顆樹脂珍珠、棉珍珠b、2顆樹脂珍珠，使用4的相同手法纏繞在髮夾五金配件上。

↓

6

D 金屬配件

穿接金屬配件，以AW纏繞髮夾五金配件，儘量固定在上圖的位置。

↓

7

B 棉珍珠a

C 棉珍珠b

以相同手法穿接樹脂珍珠及棉珍珠，同時以AW纏繞固定於髮夾五金配件上。

m e m o 將藝術銅線收尾時，要以把末端收到作品內側的方法處理。

⇨P.49

05 珍珠手錶

串接配件

1

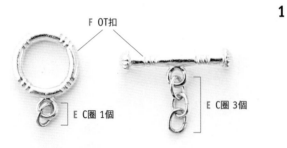

F OT扣

E C圈 1個　　E C圈 3個

為O字扣串接1個C圈、T字扣串接3個C圈（⇨P.180-①）。

以蠶絲線穿接配件

2

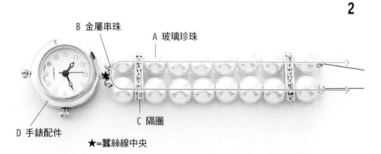

B 金屬串珠　　A 玻璃珍珠

D 手錶配件　　C 隔圈

★=蠶絲線中央

將手錶配件穿接到蠶絲線中央，左右分別依序穿接1顆金屬串珠、1顆玻璃珍珠、隔圈、6顆玻璃珍珠、隔圈、1顆玻璃珍珠、1顆金屬串珠。

↓

3

蠶絲線交叉於**1**的T字扣下方C圈內。

完成尺寸：手圍19cm

材料

A 玻璃珍珠（圓形・8mm・白色）
　　　　　　　　　　　　　　32顆
B 金屬串珠（圓形・3mm・金色）
　　　　　　　　　　　　　　8顆
C 隔圈（鑲蘇聯鑽・1.6cm・
　　透明×金色）　　　　　　4顆
D 手錶配件（金色）　　　　1個
E C圈（0.7×4×3mm・金色）
　　　　　　　　　　　　　　4個
F OT扣（金色）　　　　　　1組
G 蠶絲線（3號・透明）
　　　　　　　　　　　80cm×2條

工具

平口鉗／尖嘴鉗／剪刀
牙籤／接著劑／斜剪鉗

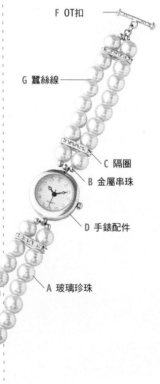

F OT扣

G 蠶絲線

C 隔圈

B 金屬串珠

D 手錶配件

A 玻璃珍珠

E C圈

F OT扣

項鍊

耳針・耳環

手鍊

戒指

髮飾

胸針

9

剪掉靠近珍珠端的多餘蠶絲線。

↓

10

重複 **2** 至 **9** 的作法製作另一邊錶帶。
換成串接O字扣。

POINT

穿接的珍珠要事前作好 清潔工作

為了讓蠶絲線能更容易穿過珍珠
孔，開始正式作業前，將所有珍
珠開孔處的灰塵清理乾淨。（⇨
P.182-⑦）。

4

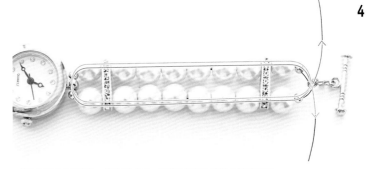

以蠶絲線分頭回穿 **2** 的串珠1圈，然後再度交叉於 **3** 的C圈內。

組合完成

7

以接著劑塗抹結頭。

↓

8

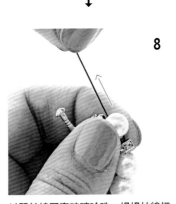

以蠶絲線回穿玻璃珍珠，慢慢拉線把
結頭拉進珍珠孔內。

5

如圖以蠶絲線回穿串珠，從玻璃珍珠
及隔圈之間穿出來。

↓

6

打3次結

確實拉緊蠶絲線，打3次結。

06 珍珠＆花卉髮插

⇨P.50

纏繞串珠

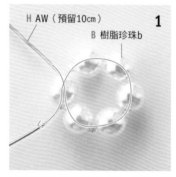

1

H AW（預留10cm）
B 樹脂珍珠b

以AW穿接6顆樹脂珍珠b，於第1顆珍珠交叉對穿形成圓圈。

↓

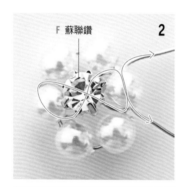

2

F 蘇聯鑽

如圖將2條AW交叉對穿蘇聯鑽及樹脂珍珠b，固定成花的形狀。

↓

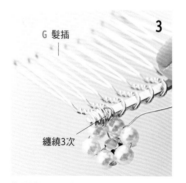

3

G 髮插

纏繞3次

為預留10cm的短端AW，纏繞髮插的第1個插齒與第2個插齒之間。

4

纏繞好後，於髮插的背面剪掉多餘的AW，末端以平口鉗壓平。

↓

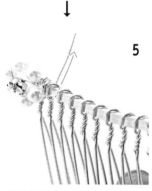

5

將2的花調整到髮插的正面。以AW向後纏繞髮插的第1個插齒與第2個插齒之間。

↓

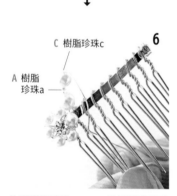

6

C 樹脂珍珠c

A 樹脂
珍珠a

依照樹脂珍珠c、a、c的順序串接珍珠，接著以AW向後纏繞髮插的下1個插齒間。

完成尺寸：寬5×長4cm

材料

A 樹脂珍珠a
（圓形・2mm・白色）—— 3顆
B 樹脂珍珠b
（圓形・4mm・白色）—— 12顆
C 樹脂珍珠c
（圓形・6mm・白色）—— 6顆
D 壓克力串珠
（花形・8mm・霧面）—— 4顆
E 金屬串珠
（圓形・3mm・金色）—— 4顆
F 蘇聯鑽（圓底座・4mm・
透明×金色）—— 2顆
G 髮插（10插齒・4cm・金色）
—————————————— 1個
H AW [藝術銅線]（#26・
不褪色黃銅）—— 60cm×1條

工具

平口鉗／斜剪鉗

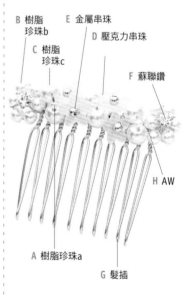

B 樹脂
珍珠b

C 樹脂
珍珠c

E 金屬串珠

D 壓克力串珠

F 蘇聯鑽

H AW

A 樹脂珍珠a

G 髮插

項鍊

耳針・耳環

手鍊

戒指

髮飾

胸針

13

以AW如圖交叉對穿蘇聯鑽及珍珠，固定成花朵形狀。

組合完成

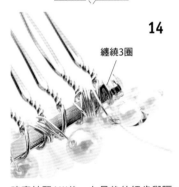

14

纏繞3圈

確實拉緊AW後，在最後的插齒與隔壁插齒之間纏繞3圈。

↓

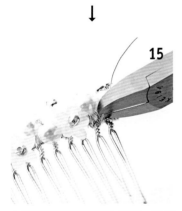

15

在髮插背面剪斷多餘的AW後，末端以平口鉗壓平。

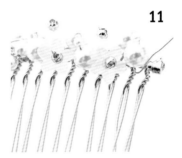

10

依照**6**的作法，依序穿接樹脂珍珠c、a、c，接著AW繞過**9**纏繞部位的下2個插齒間。

↓

11

依照**8**、**9**的作法分別穿接壓克力串珠及金屬串珠。依照**10**的作法依序穿接樹脂珍珠c、a、c後，以AW纏繞下2個插齒間。

↓

12

穿接6顆樹脂珍珠b，然後從第1顆珍珠的反側交叉對穿。

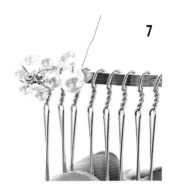

7

每次纏繞AW都要確實拉緊。

↓

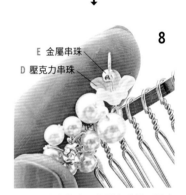

8

E 金屬串珠
D 壓克力串珠

穿接壓克力串珠及金屬串珠後，再串回壓克力串珠，拉緊AW。

↓

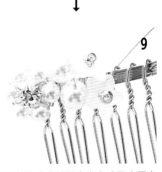

9

以**8**的作法串接壓克力串珠及金屬串珠。將**8**的壓克力串珠調整到朝向斜下方，接著AW往後纏繞髮插的下1個插齒間。

memo 藝術銅線在作品完成之際也是外顯的設計，所以纏繞時也要兼顧美觀。

07 民族風珠寶耳環

⇨P.51

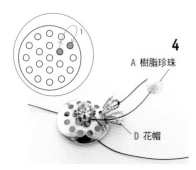

4

A 樹脂珍珠

D 花帽

長端的蠶絲線穿過蜂巢網片的指定孔
回到正面，依序穿接花帽的鏤空花瓣
及樹脂珍珠，再穿過鏤空花瓣正對面
的花瓣，最後穿過蜂巢網片的指定
孔。

↓

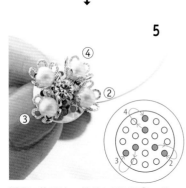

5

④

②

③

運用4的手法，其餘3處依照②〜④
的順序固定花帽及樹脂珍珠。蜂巢網
片的穿孔位置請參考上圖。

↓

6

將樹脂珍珠固定在花帽之間。以蠶絲
線穿出蜂巢網片指定孔，串接1顆樹
脂珍珠後，再穿過蜂巢網片的指定網
孔。

製作配件

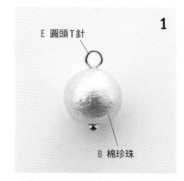

1

E 圓頭T針

B 棉珍珠

以圓頭T針穿接棉珍珠，折彎針頭製
成配件（⇨P.180-③）。

穿接串珠

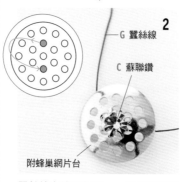

2

G 蠶絲線

C 蘇聯鑽

附蜂巢網片台

蠶絲線末端預留10cm，穿接蘇聯鑽
後穿過耳針的蜂巢網片的指定孔。

↓

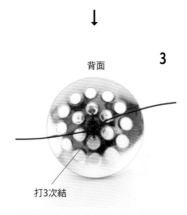

3

背面

打3次結

2條蠶絲線交會於背面，打3次結。

完成尺寸：寬1.5×長2.7cm

材料

A 樹脂珍珠（圓形・4mm・
　無光澤奶油米色）———— 14顆
B 棉珍珠
　（圓形・10mm・奶油米色）— 2顆
C 蘇聯鑽（圓形附爪座・4mm・
　透明×金色）———— 2顆
D 花帽（7mm・金色）———— 8顆
E 圓頭T針（0.6×20mm・金色）
　———————————— 2根
F 耳針（附蜂巢網片・12mm・
　金色）———————— 1副
G 蠶絲線（3號・透明）
　———————— 35cm×2條

工具

平口鉗／尖嘴鉗／斜剪鉗
剪刀／接著劑／牙籤

C 蘇聯鑽

A 樹脂珍珠

F 耳針
G 蠶絲線

D 花帽

B 棉珍珠

E 圓頭T針

※為方便辨識，因此將圖文步驟的蠶絲
線更換成黑色製作。

---

memo　圓頭T針的構造即是T針但頭端有特別設計的一字型配件，還有很多種造型T針，可從中找出自己喜歡的款式。

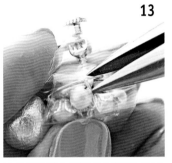

13

蜂巢網片推入壓彎的2根爪扣下方後，以平口鉗壓夾其餘爪扣。壓夾爪扣時，為避免傷到五金配件，請以布或是較厚的塑膠片鋪在網片上。

↓

14

壓夾所有爪扣，將蜂巢網片配置在底座上，調整成品形狀。以相同作法製作一個耳環。

POINT

為避免蠶絲線鬆動，製作時要頻繁拉緊線

編織成品時，若每次編織都能拉緊蠶絲線，就能將串珠牢牢固定在指定的位置上。

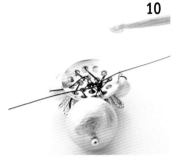

10

以蠶絲線在背面打3次結。結頭塗抹接著劑後，預留2mm的蠶絲線，剪斷多餘的線。

配置五金配件

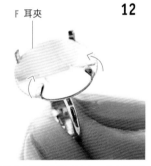

12

F 耳夾

將蜂巢網片配置到耳針上。先以平口鉗壓彎下面2根爪扣（⇨P.186-14）。

ARRANGE

改用捷克珠就會勾勒出成熟印象

將串接配件從珍珠換為捷克珠，可愛的印象頓時搖身一變為成熟印象。

7

拉緊蠶絲線。

↓

8

⑥

⑤   ⑦

運用 6、7 的相同手法，依照⑤至⑦的順序將其餘2處固定樹脂珍珠。

↓

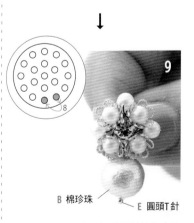

9

B 棉珍珠   E 圓頭T針

將 1 的配件固定在蜂巢網片的指定孔上。

受光後猶如寶石般
燦爛奪目的
天然石飾品

擁有其他素材所沒有的韻味
立刻融入肌膚般的
半透明色調別具風趣。

---

01 ⏱ 15分 [串接]

天然石&
金屬長條耳環

由於碎石形的天然石形狀各不相同，
重疊起來就能演繹出有趣的躍動感。
搭配纖細的金屬配件，
更增添了女人的細緻感。

HOW TO MAKE **P.74**

02 🕐 30分 纏繞

天然石手環 × 3

以細手環搭配其他手環及手錶，
享受重疊搭配的樂趣。
採用親膚感佳的3種淺色調。

HOW TO MAKE P.75

03 🕐 10分 [黏貼]

紫水晶＆糖果水晶戒指

發現喜歡的天然石後，
黏貼在戒台上，
令人愛不釋手。

HOW TO MAKE P.76

04 🕐 30分 [穿接] [纏繞]

玫瑰蛋白石鐵絲戒指

以鐵絲纏繞串珠，
打造簡單卻別具存在感的戒指。
唯有天然石才不會流露出粗曠感。

HOW TO MAKE P.77

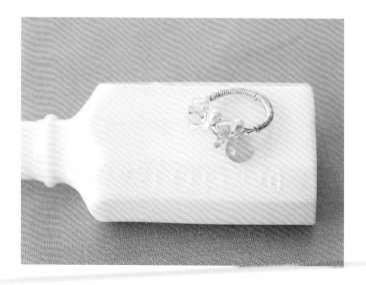

<u>**05**</u> 🕐 60分 串接

珍珠母十字架手環

串接不同素材的串珠,
打造分量感十足的手環,
僅靠針類作業即能完成,是相當適合初學者的設計。
只要色調統一,即能營造成熟氣息。

HOW TO MAKE P.78-79

06 🕐 60分 串接

古董串珠手環

天然石及古董風格的配件，
搭配起來極為協調。
採用紅色的對比色，
醞釀出設計性極高的性格手環。

HOW TO MAKE P.80

07 🕐 15分 　串接

水晶三角鐵耳環

散發清麗女人味印象的天然石，
搭配金屬配件提昇休閒感。
使用細款藝術銅線，
增添恰到好處的浪漫感。

HOW TO MAKE　P.81

08 ⏱30分 穿接 串接

天然石&露珠形珍珠
手環&耳環組

簡單款的手環，
搭配以大顆珍珠為重點的耳環。
是土耳其石及黃水晶優雅搖曳的成套飾品組。

HOW TO MAKE　P.82

09 ⏱30分 穿接

天然石 & 珍珠的
雙層手環

纖細的雙層手環
以串珠將上衣點綴出甜美氛圍。
僅靠穿接串珠就可以完成的簡單設計。

HOW TO MAKE P.83

10 ⏱30分 黏貼 纏繞 硬化

水晶與鐵絲
戒指 & 手環組

將水晶纏繞在五金配件的
成套飾品組。
水晶渾然天成的形狀,
與金屬配件的混搭感十分出色。

HOW TO MAKE P.84-85

⇨P.66

01 天然石&金屬長條耳環

製作配件

1

D 造型T針
A 天然石

以造型T針穿接天然石，折彎針頭製成2個配件（⇨P.180-3）。

串接配件

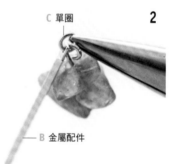

2

C 單圈
B 金屬配件

以單圈串接1的造型T針及金屬配件。

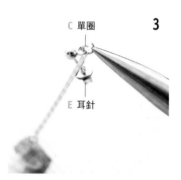

3

C 單圈
E 耳針

金屬配件另一端，以單圈串接耳針。以相同作法製作另一個耳環。

POINT

享受大小不一的樂趣

大
小

搭配尺寸及開孔位置相異的配件，締造帶有設計感的作品。

POINT

選購天然石時，也可留意石頭含意

紫水晶：心境平和、誠實
白水晶：淨化、強力守護
黃水晶：提昇金錢運、正面思考

※僅列舉一部分常見的石頭含意。

紫水晶
白水晶
黃水晶

完成尺寸：長5.2cm

材料

[紫水晶]
A 天然石（碎石形・5mm・
　紫水晶）——————— 6顆
B 金屬配件（長條形・
　1×35mm・金色）——— 2顆
C 單圈（0.6×3mm・金色）— 4個
D 造型T針（0.6×30mm・金色）
　——————————— 2根
E 耳針（帶圈・金色）
　——————————— 1副

[白水晶]
A 天然石
　（碎石形・5mm・透明）— 6顆
B 金屬配件（長條形・
　1×35mm・金色）——— 2顆
C 單圈（0.6×3mm・金色）— 4個
D 造型T針
　（0.6×30mm・金色）—— 2根
E 耳針（帶圈・金色）——— 1副

[黃水晶]
A 天然石
　（碎石形・5mm・黃晶）— 6顆
B 金屬配件（長條形・
　1×35mm・金色）——— 2顆
C 單圈（0.6×3mm・金色）— 4個
D 造型T針（0.6×30mm・金色）
　——————————— 2根
E 耳針（帶圈・金色）——— 1副

工具

平口鉗／尖嘴鉗／斜剪鉗

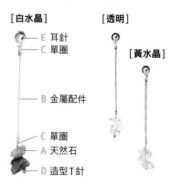

[白水晶]
E 耳針
C 單圈
B 金屬配件
C 單圈
A 天然石
D 造型T針

[透明]

[黃水晶]

---

02 天然石手環×3

⟹P.67

纏繞配件

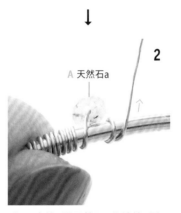

1

D AW
中心
0.5cm
2cm
★
C 手環五金配件

以AW末端從手環五金配件的★開始連續纏繞0.5cm（約10圈）。

↓

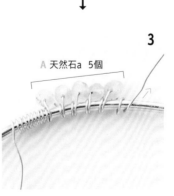

2

A 天然石a

以AW穿接1顆天然石a後纏繞1圈，直接以AW再纏繞1圈。

↓

3

A 天然石a 5個

重複4次**2**的手法，將5顆天然石纏繞在手環上。

※拉長石及粉紅蛋白石以相同手法，參考上圖纏繞。

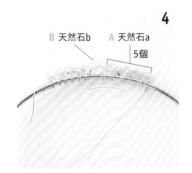

4

B 天然石b　A 天然石a
5個

依照**2**的手法，將1顆天然石b＆5顆天然石a纏繞在手環上。

組合完成

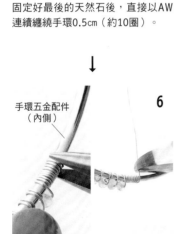

5

0.5cm

固定好最後的天然石後，直接以AW連續纏繞手環0.5cm（約10圈）。

↓

6

手環五金配件（內側）

以斜剪鉗在手環五金配件內側剪斷多餘的AW，末端以平口鉗壓平。

完成尺寸：單一尺寸

材料

[綠玉髓]

A 天然石a（鈕釦切割・2mm・綠玉髓）——————10顆
B 天然石b（圓形・4mm・貴蛋白石）—————————1顆
C 手環五金配件（金色）——1條
D AW［藝術銅線］（#28・不褪色黃銅）————40cm×1條

[拉長石]

A 天然石（鈕釦切割・2mm・拉長石）——————9顆
B 淡水珍珠（圓形・4mm・白色）—————————3顆
C 手環五金配件（金色）——1個
D AW［藝術銅線］（#28・不褪色黃銅）
————————40cm×1條

[粉紅蛋白石]

A 天然石（鈕釦切割・3mm・粉紅蛋白石）————4顆
B 淡水珍珠（米粒形・2mm・白色）
————————10顆
C 手環五金配件（金色）——1個
D AW［藝術銅線］（#28・不褪色黃銅）
————————40cm×1條

工具

平口鉗／斜剪鉗

[綠玉髓]

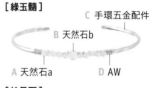

C 手環五金配件
B 天然石b
A 天然石a　D AW

[拉長石]

C
D
A 天然石　B 淡水珍珠

[粉紅蛋白石]

C
D
A 天然石　B 淡水珍珠

　memo　市售手環五金配件具有各式各樣的款式設計。除了顏色粗細不同之外，也有連附底座的手環。

03 紫水晶 & 糖果水晶戒指

⇨P.68

黏貼配件

3

A 天然石a

將天然石a黏貼固定在碗形底座內。

↓

4

B 天然石b

以相同方式將天然石b黏貼在碗形底座內。

1

C 戒台五金配件

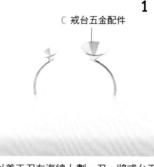

以美工刀在海綿上劃一刀,將戒台五金配件插進切口固定。

↓

2

以牙籤沾取接著劑,將戒台五金配件的碗形底座多塗抹點接著劑。

完成尺寸：12號

材料

A 天然石a（粗糙切割・
　9〜13mm・紫水晶）────── 1顆
B 天然石b（圓形・6mm・
　糖果水晶／水藍粉紅色）── 1顆
C 戒台五金配件（碗形底座・
　開口戒・12號・金色）────── 1個

工具

海綿／接著劑
美工刀／牙籤

A 天然石a

B 天然石b

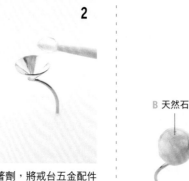

C 戒台五金配件

POINT

利用海綿
作為戒指的工作台

遇到要將戒台五金配件黏貼串珠時,先在海綿上劃一痕,將五金配件插入平穩固定,待戒台上的接著劑乾燥即可。

ARRANGE

以珍珠打造簡約可愛感

以單孔珍珠取代天然石即會流露高貴感。只要搭配天然石的顏色,就能締造簡約款戒指。

04 玫瑰蛋白石鐵絲戒指

⇨P.68

串接配件

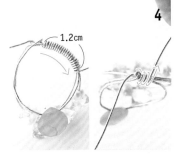

4

1.2cm

將戒指尺寸棒抽出AW，以AW的一端將A至C段纏繞在一起。一路纏繞至天然石底部（本篇約為1.2cm）。纏繞時注意避免AW的線圈重疊。

↓

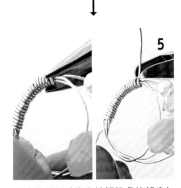

5

於戒指外側（沒有接觸肌膚的部分）剪掉多餘AW，末端以平口鉗壓平。若AW末端凸出會容易勾到衣服，所以要仔細處理。

↓

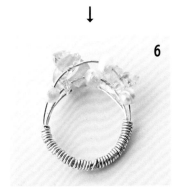

6

依照4、5的手法製作戒指的另一端。

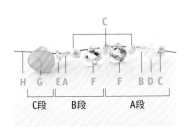

1

C

H G E A F F B D C

C段　　B段　　A段

於AW的中心，如圖依序穿接串珠。由於某些天然石開孔較小，穿接時千萬不要強行穿接，以免天然石碎裂。

纏繞配件

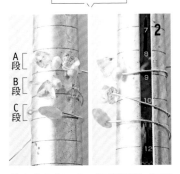

2

A段
B段
C段

將串珠分成A‧B‧C三段配置，同時以AW纏繞戒指尺寸棒。將B段纏繞於想製作尺寸大2號的戒圍上（本篇是製作8號戒圍，所以B段必須對準10號）。

↓

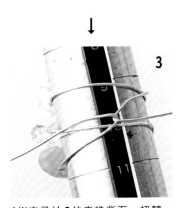

3

AW交叉於2的串珠背面，扭轉一圈。

完成尺寸：8號（可調整）

材料

A 施華洛世奇材料‧透明a
（#5328‧3mm‧玫瑰蛋白石）
——————————————1顆

B 施華洛世奇材料‧透明b
（#5328‧3mm‧橄欖蛋白石）
——————————————1顆

C 淡水珍珠（米粒‧4mm‧白色）
——————————————4顆

D 天然石a
（水晶‧碎石形‧5mm）——1顆

E 天然石b
（海藍寶‧碎石形‧3mm）——1顆

F 天然石c（綠水晶‧
三角形切割‧6mm）——————2顆

G 天然石d（玉髓‧
馬龍切割‧10mm）——————1顆

H AW［藝術銅線］
（#24‧不褪色黃銅）
——————————60cm×1條

工具

平口鉗／斜剪鉗
戒指尺寸棒

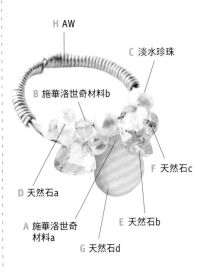

H AW

C 淡水珍珠

B 施華洛世奇材料b

D 天然石a

A 施華洛世奇
材料a

G 天然石d

E 天然石b

F 天然石c

memo 本作品沒有軸心製作起來會相當困難。若無戒指尺寸棒，以尺寸相近的粗筆桿代用亦可。

05 珍珠母十字架手鍊

⇨P.69

製作配件

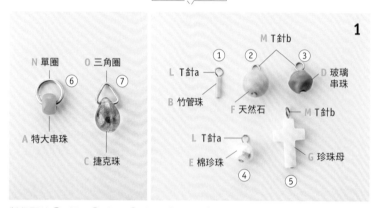

製作配件①4個、②4個、③5個、④7個、⑤3個、⑥6個、⑦8個。以T針a分別穿接竹管珠及棉珍珠,然後折彎針頭(⇨P.180-③)。以T針b分別穿接天然石、玻璃串珠及珍珠母,折彎針頭製作配件。最後以單圈串接特大串珠,三角圈串接捷克珠。(⇨P.180-①)。

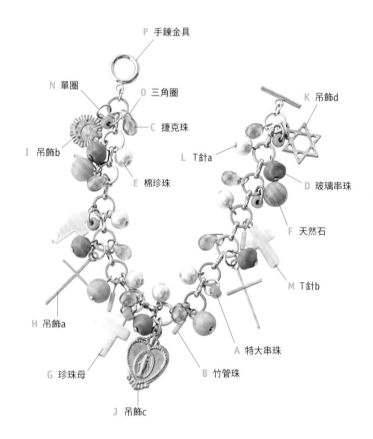

完成尺寸:手圍18.5cm

材料

A 特大串珠(3mm・綠松石)— 6顆

B 竹管珠(6mm・黃色)— 4顆

C 捷克珠(水滴橫孔・5×7mm・
亮光橄欖綠色)— 8顆

D 玻璃串珠(不規則圓形・
7mm・灰色)— 5顆

E 棉珍珠(圓形・6mm・白色)
— 7顆

F 天然石(圓形・8mm・
糖果石/紫色)— 4顆

G 珍珠母(十字形・
10×14mm・白色)— 3個

H 吊飾a(十字形・
24×13mm・金色)— 2個

I 吊飾b(六芒星・11mm・金色)
— 1個

J 吊飾c(宗教心形・
23×15mm・金色)— 1個

K 吊飾d(六角星・
13×17mm・金色)— 1個

L T針a(0.6×20mm・金色)
— 11根

M T針b(0.6×30mm・金色)
— 12根

N 單圈(0.8×6mm・金色)
— 11個

O 三角圈(0.6×5mm・金色)
— 8個

P 手鍊金具(18.5cm・金色)
— 1個

工具

平口鉗/尖嘴鉗/斜剪鉗

ARRANGE

**改變天然石的顏色,
成功提昇女人味**

僅是將天然石的顏色更
換為藍色或粉紅色,瞬
間流露出女人味。挑選
略微暗沉的色調看起來
就不會幼稚。

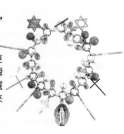

memo 手環五金配件的長度必須符合手圍尺寸。配件串接位置可視情況作調整。

串接配件

2

P 手環五金配件

N 單圈

③ ③ ③ ③

③ ② ② ② ②

⑤ ⑤ ⑤ ⑤

I 吊飾b

J 吊飾c

H 吊飾a

K 吊飾d

以單圈把串接好的吊飾a、b、c、d及**1**的配件②、③、⑤串接到手環五金配件的指定位置上。

↓

3

⑥ ① ⑥ ① ⑥ ① ⑥ ① ⑥ ⑥

將配件①及⑥串接在指定位置上。

↓

4

⑦ ④ ⑦ ④ ⑦ ④ ⑦ ④ ⑦ ④ ⑦ ④ ⑦ ④ ⑦

將配件④及⑦串接在指定位置上。

memo 珍珠母也是天然石的一種。被視為母性象徵,傳說據有庇佑生產平安及多子多孫的力量。

06 古董串珠手鍊

⇨P.70

製作配件

1

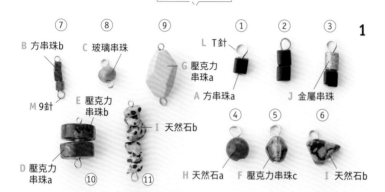

⑦ B 方串珠b　⑧ C 玻璃串珠　⑨ G 壓克力串珠a　① L T針　② A 方串珠a　③ J 金屬串珠

M 9針　E 壓克力串珠b　I 天然石b

D 壓克力串珠a　⑩　⑪

④ H 天然石a　⑤ F 壓克力串珠c　⑥ I 天然石b

以T針逐一穿接串珠，折彎針頭製成配件①②③④⑤⑥（⇨P.180-③）。以9針逐一穿接串珠，折彎針頭製成配件⑦⑧⑨⑩⑪。

串接配件

2

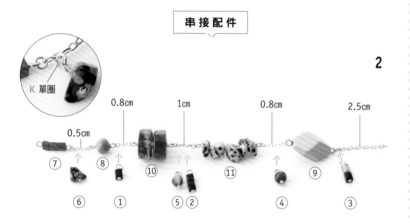

K 單圈

0.5cm　0.8cm　1cm　0.8cm　2.5cm

⑦　⑧　⑩　⑪　⑨

⑥　①　⑤②　④　③

打開9針的圈，將**1**的配件⑦至⑪依圖串接於手環五金配件上。以單圈分別串接1的配件①至⑥。只要圍繞著鍊子的中央串接，整體視覺感就會均衡

↓

3

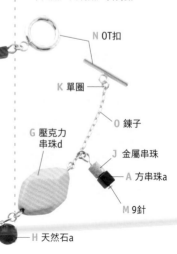

N OT扣

K 單圈

手環五金配件的兩端，以單圈分別串接O字扣及T字扣。

B 方串珠b
I 天然石b
A 方串珠a
L T針
C 玻璃串珠
D 壓克力串珠a
E 壓克力串珠b
F 壓克力串珠c
I 天然石b
H 天然石a

N OT扣
K 單圈
G 壓克力串珠d
O 鍊子
J 金屬串珠
A 方串珠a
M 9針

完成尺寸：手圍18cm

材料

A 方串珠a（3mm‧黑色）
　　　　　　　　　　　　 4顆
B 方串珠b（3mm‧紅色）
　　　　　　　　　　　　 3顆
C 玻璃串珠（不規則形‧
　7mm‧灰色）　　　　　 1顆
D 壓克力串珠a（圓盤形‧
　14×7mm‧紅色）　　　 1顆
E 壓克力串珠b（圓盤形‧
　14×7mm‧褐色）　　　 1顆
F 壓克力串珠c（不規則形‧
　7×5mm‧褐色）　　　　 1顆
G 壓克力串珠d（不規則切割‧
　20×11mm‧灰色）　　　 1顆
H 天然石a
　（圓形‧6mm‧大麥町石）— 1顆
I 天然石b（碎石形‧5至10mm‧
　大麥町石）　　　　　　 7顆
J 金屬串珠（方形‧
　3mm‧金色）　　　　　 1顆
K 單圈（0.6×3mm‧金色）— 17個
L T針（0.6×30mm‧金色）— 6根
M 9針（0.6×40mm‧金色）— 5根
N OT扣（金色）　　　　　 1組
O 鍊子（金色）
　　— 0.5cm×1條、0.8cm×2條
　　　1cm×1條、2.5cm×1條

工具

平口鉗／尖嘴鉗／斜剪鉗

07　水晶三角鐵耳環

⇨P.71

製作配件

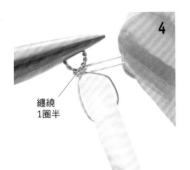
4
纏繞
1圈半

以平口鉗壓夾 **3** 的圓環，以2條AW纏繞圓環底端1圈半。

↓

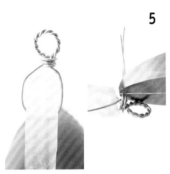
5

以斜剪鉗於天然石背面剪去多餘AW，末端以平口鉗壓平。

串接配件

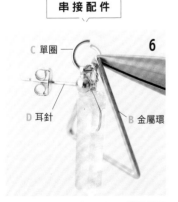
6
C 單圈
D 耳針
B 金屬環

以單圈依序穿接金屬環、**5** 的圓環及耳針。以相同作法製作另一個耳環。

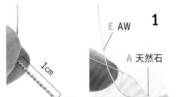
1
E AW
A 天然石

將天然石串接到AW的中心後，AW交互扭轉1cm。

↓

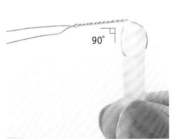
2
90°

將AW扭轉處底端彎曲90度。

↓

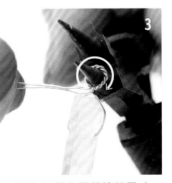
3

以ＡＷ加工製作眼鏡連結圈（⇨P.181-④）。將AW纏繞在尖嘴鉗上，將扭轉處製作成圓環。

完成尺寸：寬1.9×長3.7cm

材料

A　天然石（水晶·粗糙切割·23mm）　　　　　　2顆
B　金屬環（三角形·20×25mm·金色）　　　　　　2個
C　單圈（0.7×6mm·金色）　　　　　　　　　　　2個
D　耳針（帶圈·金色）　　　　　　　　　　　　　1副
E　AW［藝術銅線］（#26·不褪色黃銅）　　　　10cm×2條

工具

平口鉗／尖嘴鉗／斜剪鉗

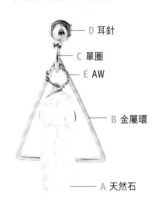
D 耳針
C 單圈
E AW
B 金屬環
A 天然石

ARRANGE

以金屬環詮釋性格

將金屬環的形狀從三角形更換成圓形，就會轉變為柔和印象。除了圓形之外，也可試著挑戰像是四角形等其他形狀。

　memo　雖然市售天然石也有被加工成圓形或是水滴形，但本作品的水晶是帶有原始風貌的「粗糙切割」。

08 天然石與露珠形珍珠手環 & 耳環組

⇨P.72

耳針

製作配件

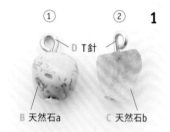

① ② **1**

D T針
B 天然石a
C 天然石b

分別以T針穿接天然石，折彎針頭製作配件①②（⇨P.182-③）。

串接配件

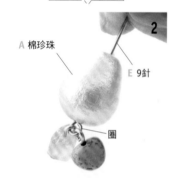

2

A 棉珍珠
E 9針
圈

打開9針的圈串接**1**的配件後，最後穿接棉珍珠並折彎針頭。

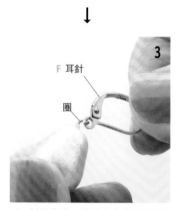

3

F 耳針
圈

以**2**折彎的圈，將棉珍珠串接到耳針上。以相同作法製作另一個耳環。

穿接配件

穿接配件

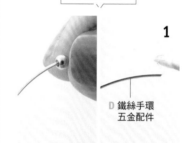

1

D 鐵絲手環五金配件

在鐵絲手環五金配件單端塗抹接著劑，裝上附贈的末端配件，等待乾燥。

↓

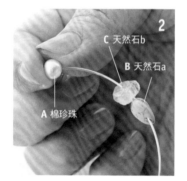

2

C 天然石b
B 天然石a
A 棉珍珠

從**1**的另一端依序穿接天然石a、天然石b及棉珍珠。

↓

3

依照**1**的作法，在鐵絲手環五金配件的另一端以接著劑黏貼末端配件，等待乾燥。

完成尺寸：手環／單一尺寸
耳針／長4.6cm

材料

[手環]

A 棉珍珠（圓形・6mm・白色）
—————————— 1顆

B 天然石a（粗糙切割・8mm・綠松石）—————— 1顆

C 天然石b（粗糙切割・5至9mm・黃水晶）—————— 1顆

D 鐵絲手環五金配件
（1連・60mm・金色）—— 1個

[耳針]

A 棉珍珠（露珠形・12×16mm・白色）—————— 2顆

B 天然石a（粗糙切割・8mm・綠松石）—————— 2顆

C 天然石b（粗糙切割・5至9mm・黃水晶）—————— 2顆

D T針（0.7×30mm・金色）
—————————— 4根

E 9針（0.7×30mm・金色）
—————————— 2根

F 耳針（法式耳勾・金色）—— 1副

工具

平口鉗／尖嘴鉗／斜剪鉗／接著劑

[手環]

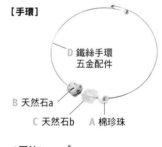

D 鐵絲手環五金配件
B 天然石a
C 天然石b A 棉珍珠

（耳針）

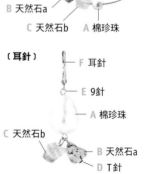

F 耳針
E 9針
A 棉珍珠
C 天然石b
B 天然石a
D T針

---

memo 所謂棉珍珠，是將棉花（cotton）壓縮，於表面施加珠光材質加工處理成珠狀的素材。重量相當輕盈，獨一無二的韻味相當受到歡迎。　**082**

09 天然石＆珍珠雙層手鍊

⇨P.73

⇨P.73

穿接配件

4

35顆　35顆

接下來穿接35顆捷克玻璃珍珠，最後以夾線頭及擋珠將串珠鋼絲線的末端收尾（⇨P.185-⑧）。

↓

5

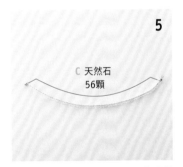

C 天然石
56顆

依照**1**的作法，先以夾線頭及擋珠將串珠鋼絲線的其中一端收尾，穿接56顆天然石。最後再以擋珠將末端收尾。

組合完成

6

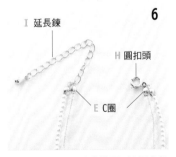

I 延長鍊

H 圓扣頭

E C圈

4及**5**配件的兩端夾線頭以C圈串接起來。再以C圈分別串接圓扣頭及延長鍊。

1

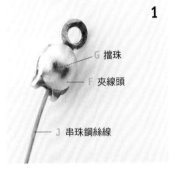

G 擋珠
F 夾線頭
J 串珠鋼絲線

以夾線頭及擋珠將串珠鋼絲線其中一端收尾（⇨P.185-⑧）。

↓

2

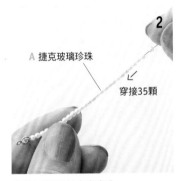

A 捷克玻璃珍珠

穿接35顆

穿接35顆捷克玻璃珍珠。

↓

3

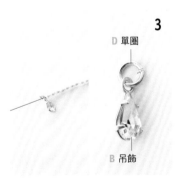

D 單圈

B 吊飾

以單圈串接吊飾後，再穿接**2**的串珠鋼絲線。

完成尺寸：手圍16cm
（延長鍊5cm）

材料

A 捷克玻璃珍珠
（圓形·2mm·白色）—— 70顆
B 吊飾（6×3.6mm·
透明×金色）—— 1個
C 天然石（水晶·鈕釦切割·
3mm·白蛋白色）—— 56顆
D 單圈（0.5×3mm·金色）
—— 1個
E C圈（0.55×3.5×2.5mm·金色）
—— 2個
F 夾線頭（金色）—— 4個
G 擋珠（金色）—— 4顆
H 圓扣頭（金色）—— 1個
I 延長鍊（金色）—— 1條
J 串珠鋼絲線（0.3mm·金色）
—— 25cm×2條

工具

平口鉗／尖嘴鉗／斜剪鉗
打孔錐

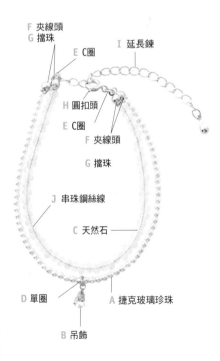

F 夾線頭
G 擋珠
E C圈
I 延長鍊
H 圓扣頭
E C圈
F 夾線頭
G 擋珠
J 串珠鋼絲線
C 天然石
D 單圈
A 捷克玻璃珍珠
B 吊飾

10 水晶與鐵絲戒指 & 手環組

⇨P.73

===== 戒指 =====

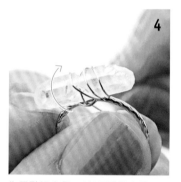

4

為了點綴水晶,以AW纏繞水晶3至4圈。纏繞時留意AW不要繞到圓盤底部。

↓

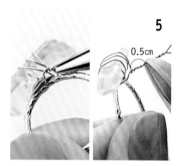

5

0.5cm

纏好後的AW,與**2**預留的10cm的AW扭轉1cm,留下0.5cm的扭轉處,後面以斜剪鉗剪斷。以平口鉗把AW末端壓藏在水晶及戒台五金配件之間。

↓

D UV水晶膠

6

以牙籤沾取UV水晶膠,填補水晶及AW之間的縫隙。

黏貼配件

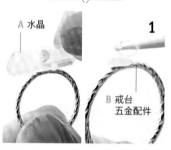

A 水晶

1

B 戒台
五金配件

以牙籤沾取接著劑,塗抹戒台的圓盤底座,水晶孔儘量朝側面黏貼,等待乾燥。

纏繞配件

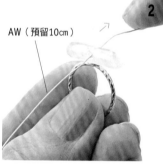

AW(預留10cm)

2

AW末端預留10cm,穿接**1**的水晶。

↓

3

纏繞3圈

水晶及圓盤底座之間,將AW以水平方向纏繞3圈。

完成尺寸:戒指/5號
手環/單一尺寸

材料

[戒指]

A 水晶(長條形・0.5×2cm・
　透明AB)———————— 1個
B 戒台五金配件(附圓盤底座4mm・
　5號・金色)———————— 1個
C AW[藝術銅線](#28・金色)
　————————— 30cm×1條
D UV水晶膠 ———————— 適量

[手環]

A 水晶(長條形・0.5×2cm・
　透明AB)———————— 1個
B 手環五金配件(金色)—— 1個
C AW[藝術銅線](#28・金色)
　————————— 60cm×1條
D UV水晶膠 ———————— 適量

工具

平口鉗/斜剪鉗
UV燈/接著劑/牙籤

[戒指]

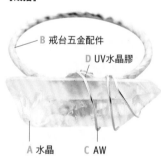

B 戒台五金配件
D UV水晶膠
A 水晶　　**C** AW

[手環]

B 手環五金配件

D UV水晶膠
A 水晶　　**C** AW

※UV水晶膠的硬化時間以4至5分為準。

項鍊

耳針・耳環

手鍊

戒指

髮飾

胸針

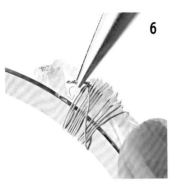

6

以平口鉗將AW末端壓藏在水晶＆手環五金配件間隙之中。

↓

7

D UV水晶膠

以牙籤沾取UV水晶膠，填補水晶與AW的間隙。

硬 化

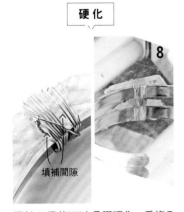

8

填補間隙

照射UV燈使UV水晶膠硬化。重複 **7・8** 直到間隙被填補完畢為止。

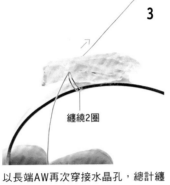

3

纏繞2圈

以長端AW再次穿接水晶孔，總計纏繞2圈。

↓

4

手環及水晶統一以AW纏繞約8至12圈。寬度及纏繞次數，可端看個人喜好的呈現方式自行調整。

↓

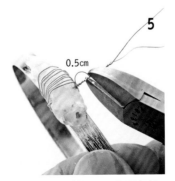

5

0.5cm

最後AW與 **2** 剩餘的10cm相互扭轉1cm，留下0.5cm後以斜剪鉗剪斷。

硬 化

7

以UV燈照射硬化。重複 **6・7** 直到間隙被填補完畢為止。

━━━ **手 環** ━━━

黏 貼 配 件

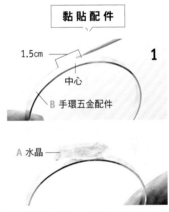

1

1.5cm
中心
B 手環五金配件

A 水晶

以牙籤將手環五金配件中心約1.5cm處塗抹接著劑。水晶孔儘量朝側面黏貼，等待乾燥。

纏 繞 配 件

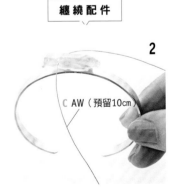

2

C AW（預留10cm）

在AW末端預留10cm，穿接 **1** 的水晶。

memo 若沒有 UV 水晶膠，以接著劑代用亦可。請使用串珠專用接著劑。

HANDMADE
ACCESSORIES
LESSON BOOK

LESSON
→5

專屬週末的
大膽穿搭
大型飾品

大型配件的飾品，
是想呈現奢華穿搭時的強力好夥伴。
讓臉龐頓時令人眼睛為之一亮。

02 ⏱ 30分 [串接]

雙色滴石 & 棉珍珠耳環

黑色及褐色配件，
賦予飾品難以言喻的懷舊印象。
以大小不一的珍珠締造優雅感。

HOW TO MAKE P.98

02

01

01 ⏱ 60分 [穿接] [編織]

古董風配件耳環

使用古典復古風味
偏大配件製作的耳環。
珍珠為其增添了幾分女人味。

HOW TO MAKE P.92-93

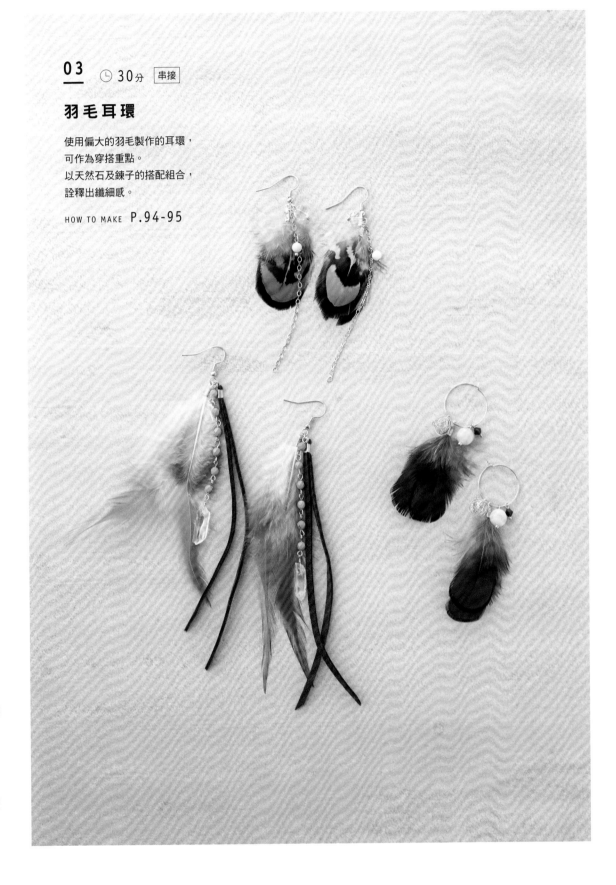

03 ⏱ 30分 串接

羽毛耳環

使用偏大的羽毛製作的耳環，
可作為穿搭重點。
以天然石及鍊子的搭配組合，
詮釋出纖細感。

HOW TO MAKE　P.94-95

05 ⏱ 30分 [穿接] [繩結]

壓克力串珠
糖果色手環

彷彿五彩繽紛糖果的配件，
搭配出俏皮可愛的手環。
穿插其中的鑲鑽隔珠為手環營造華麗感。

HOW TO MAKE P.99

04 ⏱ 60分 [串接]

大地色系
長項鍊

森林系及大地色配件，
充分展露溫和印象的長項鍊。
雖然是大型飾品，其實僅靠串接就能完成。

HOW TO MAKE P.96-97

07 ⏲ 60分 [纏繞]

水滴形
民族風耳環

天然石及金色配件，
是綻放優雅氣息的耳環。
為臉龐勾勒出奢華感。

HOW TO MAKE P.101

06 ⏲ 60分 [串接]

祝福念珠風
長項鍊

簡單兼具美麗的長項鍊。
使用的金屬配件越大，
越能形成視覺焦點。

HOW TO MAKE P.100

08 ⏱ 120分 〔縫接〕

長 方 珠 梯 形
編 織 手 環

串珠運用梯形編織的技法，
縫接於繩結打造成手環。
同色系串珠打造成熟可愛風。

HOW TO MAKE P.102-104

09 ⏱ 60分 〔串接〕

小 圓 珠 流 蘇 耳 環

串接小圓珠製作的流蘇，
隨動作搖曳的細緻感極具魅力。
將金屬串珠作為單一重點設計。

HOW TO MAKE P.105

項鍊

耳針・耳環

手鍊

戒指

髮飾

胸針

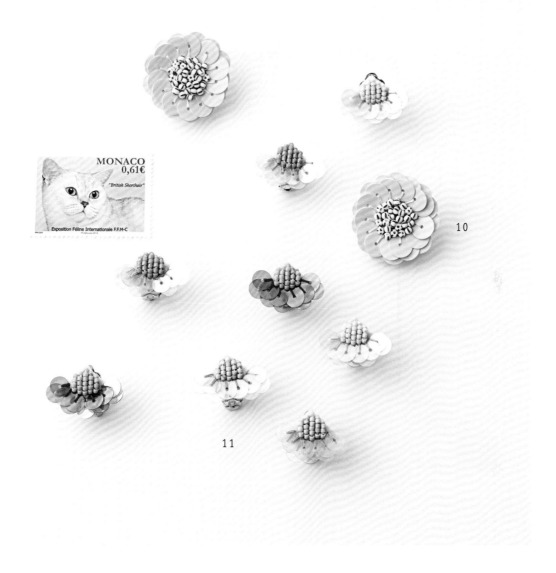

10

11

11 ⏱ 60分 縫接

五顏六色的
花瓣夾式耳環

半透明亮片
猶如花瓣延展開來的夾式耳環。
煙燻色的古董珠為一大重點。

HOW TO MAKE　P.108-109

10 ⏱ 60分 縫接

大花夾式
耳環

彷彿大花綻放般
存在感十足的設計。
圓滾滾的外型討喜可愛。

HOW TO MAKE　P.106-107

01 古董風配件耳環

⇨P.86

穿接串珠

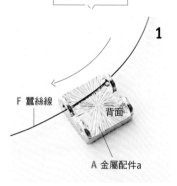

1

F 蠶絲線

背面

A 金屬配件a

蠶絲線穿接金屬配件a的2個腳圈。

編織蜂巢網片

2

蜂巢網片

預留8cm

以蠶絲線頭尾端分別穿接耳夾蜂巢網片的指定孔，為其中一端預留8cm。

3

打3次結

蠶絲線兩端交會於網片背面，打3次結。

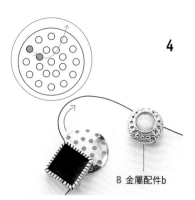

4

B 金屬配件b

長端的蠶絲線穿出蜂巢網片指定孔，穿接金屬配件b的2個腳圈。

↓

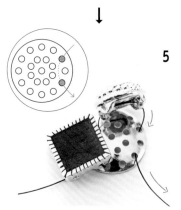

5

以蠶絲線穿過蜂巢網片指定的2個孔，於蜂巢網片的正面穿出來。

↓

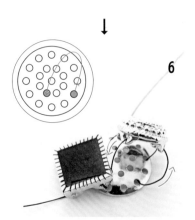

6

4蠶絲線穿接金屬配件b尚未穿接的2個腳圈後，穿出蜂巢網片指定孔。

完成尺寸：寬2×長2cm

材料

A 金屬配件a（方形帶腳圈・
10mm・黑色×金色）———— 2個

B 金屬配件b（圓形帶腳圈・
10mm・綠色×金色）———— 2個

C 蘇聯鑽（圓形帶爪扣・4mm・
透明×金色）———— 2顆

D 玻璃珍珠（圓形・6mm・白色）
———— 4顆

E 耳夾（附蜂巢網片・14mm・
金色）———— 1副

F 蠶絲線（3號・透明）
———— 35cm×2條

工具

平口鉗／剪刀／接著劑
牙籤／布或是較厚的塑膠片

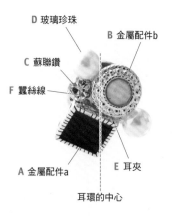

D 玻璃珍珠

B 金屬配件b

C 蘇聯鑽

F 蠶絲線

A 金屬配件a

E 耳夾

耳環的中心

※為方便讀者辨識，因此將圖文步驟的
蠶絲線更換成黑色製作。

---

memo 關於蜂巢網片的穿接方式，若製作不太順手或在意配件牢固程度，不按照圖片固定也沒關係。

項鍊

耳針·耳環

手鍊

戒指

髮飾

胸針

13

蜂巢網片推入壓彎的爪扣下，配合中心調整配件的傾斜度。

14

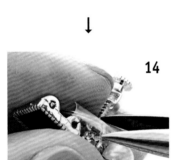

以平口鉗壓夾其餘爪扣。壓夾爪扣時，為避免傷到五金配件，請用布或是較厚的塑膠片鋪在網片上。製作另一個耳環時要儘量左右對稱。

POINT

左右對稱製作耳環飾品的基本要求

另一個耳環的配件得儘量製作得左右對稱。以蠶絲線穿接蜂巢網片時，可以一邊參考範例圖一邊製作，較容易製作成左右對稱。

10

打3次結

蠶絲線兩端交會於網片背面，打3次結。

11

以牙籤沾取接著劑塗抹結頭後，以剪刀剪去多餘的蠶絲線。

組合完成

12

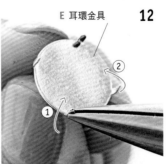

E 耳環金具

① ②

將蜂巢網片裝在耳夾上（➡ P.186-⑭）。先以平口鉗壓彎耳夾的2根爪扣。

7

C 蘇聯鑽

蠶絲線穿接1顆蘇聯鑽後，接著穿過蜂巢網片的指定孔，然後拉緊線。

8

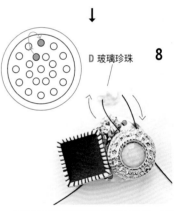

D 玻璃珍珠

蠶絲線穿出蜂巢網片的指定孔後，穿接1顆玻璃珍珠，再穿過指定的孔並拉緊。

9

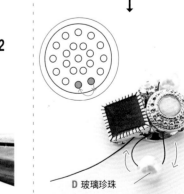

蠶絲線穿出蜂巢網片的指定孔後，穿接1顆玻璃珍珠，再穿過指定孔並拉緊。

D 玻璃珍珠

03 羽毛耳環

═══ 金雞羽毛 ═══

串接配件

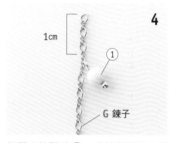

4

1cm

① G 鍊子

打開 **3** 的配件①，串接於鍊子末端後方1cm處。（⇨P.180-①）。

↓

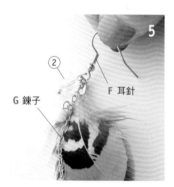

5

② F 耳針

G 鍊子

打開耳針的圈，依序串接 **2** 的繩頭結配件圈、**4** 的鍊子＆**3** 的配件②。以相同作法製作另一個耳環。

ARRANGE

羽毛跟天然石的色彩搭配

想更換配件時，選用與天然石同色系的羽毛，就會改造成功。

製作配件

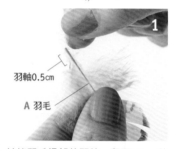

1

羽軸0.5cm

A 羽毛

扯掉羽毛根部的羽片，留下0.5cm的羽軸。

↓

2

E 繩頭夾

於 **1** 準備好2根羽毛後，略微交錯重疊，以繩頭夾將羽毛末端收尾（⇨P.185-⑪）。

↓

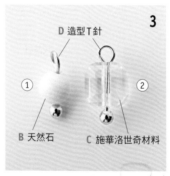

3

D 造型T針

① ②

B 天然石　C 施華洛世奇材料

分別以造型T針穿接天然石、施華洛世奇材料，折彎針頭製成配件①②。（⇨P.180-③）。

完成尺寸：長8cm

材料

[金雞羽毛]

A	羽毛（4cm·金雞）	4根
B	天然石（圓形·4mm·薄荷綠翡翠）	2顆
C	施華洛世奇材料（#5601·4mm·透明）	2個
D	造型T針（0.6×30mm·金色）	4根
E	繩頭夾（2mm·金色）	2個
F	耳針（U字耳勾·金色）	1副
G	鍊子（金色）	8cm×2條

工具

平口鉗／尖嘴鉗／斜剪鉗

F 耳針

C 施華洛世奇材料

E 繩頭夾

D 造型T針

B 天然石

A 羽毛

G 鍊子

---

memo　羽毛有各式各樣的種類，也有已加工好繩頭夾的羽毛。　　　　　094

山雞

1 2根羽毛以1個繩頭夾收尾。

2 將合成皮繩對折，以1個繩頭夾
   將對折處收尾（⇨P.185-11）。

3 將9針穿接天然石a，折彎針頭
   製作的6個配件串接起來（⇨
   P.180-3）。以AW將天然石
   b加工成眼鏡連結圈配件後，
   串接在天然石a的末端。（⇨
   P.181-4）。

4 打開耳針的圈，按照 2 → 1 → 3
   的順序串接。以相同作法製作另
   一個耳環。

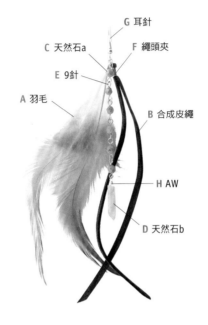

G 耳針
F 繩頭夾
C 天然石a
E 9針
A 羽毛
B 合成皮繩
H AW
D 天然石b

完成尺寸：長26cm

材料

[山雞羽毛]

A 羽毛（10cm・山雞）────4根

B 合成皮繩（3mm寬・焦茶）
   ────────── 26cm×2條

C 天然石a（綠松石・圓形・
   4mm）──────── 12顆

D 天然石b（水晶・
   長條形・10mm）───── 2顆

E 9針（0.6×20mm・金色）── 12根

F 繩頭夾（4mm・金色）
   ───────────── 2個

G 耳針（U字耳勾・金色）
   ───────────── 1副

H AW［藝術銅線］
   （#25・不褪色黃銅）
   ──────────── 5cm×2條

孔雀

1 2根羽毛以1個繩頭夾收尾（⇨
   P.185-11）。

2 以造型T針分別串接施華洛世奇
   材料及天然石，折彎針頭加工成
   配件（⇨P.180-3）。

3 以單圈串接金屬配件的鐵絲。

4 耳勾五金配件按照 2 → 1 → 3 的
   順序串接。以相同作法製作另一
   個耳環。

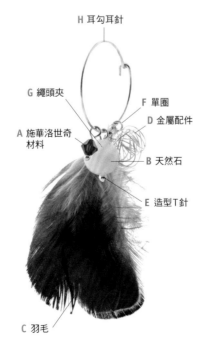

H 耳勾耳針
G 繩頭夾
F 單圈
D 金屬配件
A 施華洛世奇
   材料
B 天然石
E 造型T針
C 羽毛

完成尺寸：長10cm

材料

[孔雀]

A 施華洛世奇材料（#5328・
   4mm・深靛色）──── 2顆

B 天然石（藍紋瑪瑙・圓形・
   8mm）─────── 2顆

C 羽毛（10cm・孔雀）
   ───────────── 4根

D 金屬配件（鐵絲球・
   10mm・金色）───── 2顆

E 造型T針（0.6×30mm・金色）
   ───────────── 4根

F 單圈（0.5×4mm・金色）
   ───────────── 2個

G 繩頭夾（2mm・金色）
   ───────────── 2個

H 耳勾耳針（20mm・金色）
   ───────────── 1副

　memo　天然羽毛一遇到水蒸氣，就會軟趴趴或是破裂，所以只要以吹風機吹羽毛，羽毛就會恢復蓬鬆感。

⇨P.88

04 大地色系長項鍊

製作配件

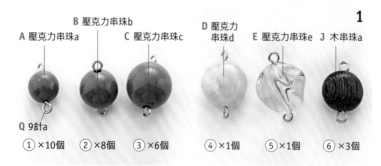

1

A 壓克力串珠a

B 壓克力串珠b

C 壓克力串珠c

D 壓克力串珠d

E 壓克力串珠e

J 木串珠a

Q 9針a

① ×10個　② ×8個　③ ×6個　④ ×1個　⑤ ×1個　⑥ ×3個

以9針a穿接串珠，折彎針頭製作配件①10個、②8個、③6個 ④⑤ 各1個、⑥3個（⇨P.180-**3**）。

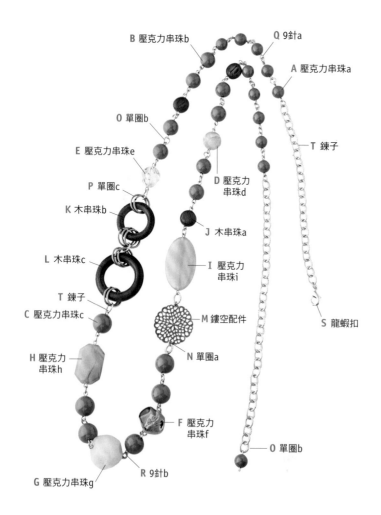

B 壓克力串珠b

Q 9針a

A 壓克力串珠a

O 單圈b

E 壓克力串珠e

P 單圈c

K 木串珠b

L 木串珠c

T 鍊子

C 壓克力串珠c

H 壓克力串珠h

D 壓克力串珠d

J 木串珠a

I 壓克力串珠i

M 鏤空配件

N 單圈a

F 壓克力串珠f

R 9針b

O 單圈b

T 鍊子

S 龍蝦扣

G 壓克力串珠g

完成尺寸：脖圍88cm

材料

A 壓克力串珠a
（圓形・8mm・卡其色）—— 11顆

B 壓克力串珠b（圓形・
10mm・卡其色）—— 8顆

C 壓克力串珠c（圓形・
12mm・卡其色）—— 6顆

D 壓克力串珠d（圓形・
12mm・粉紅色）—— 1顆

E 壓克力串珠e（不規則礦塊形・
13mm・淺琥珀色）—— 1顆

F 壓克力串珠f（不規則礦塊形・
17mm・綠色）—— 1顆

G 壓克力串珠g（不規則礦塊形・
19×20mm・象牙色）—— 1顆

H 壓克力串珠h（多角形・
24×16mm・米色）—— 1顆

I 壓克力串珠i（橢圓形・
33×19mm・粉紅色）—— 1顆

J 木串珠a
（硬幣形・11mm・褐色）—— 3顆

K 木串珠b
（環形・25mm・褐色）—— 1顆

L 木串珠c
（環形・32mm・褐色）—— 1顆

M 鏤空配件（25mm・古金色）
—— 1個

N 單圈a（0.8×4mm・金色）
—— 2個

O 單圈b（1.0×5mm・金色）
—— 33個

P 單圈c（1.2×12mm・古金色）
—— 10個

Q 9針a（0.7×20mm・金色）
—— 30根

R 9針b（0.7×40mm・金色）
—— 4根

S 龍蝦扣（金色）—— 1個

T 鍊子（金色）—— 11.5cm×1條、
16.5cm×1條、5個鍊圈

工具

平口鉗／尖嘴鉗／斜剪鉗

---

memo　本項鍊製作程序只有「加工配件並串接」，是容易製作又賞心悅目的設計，推薦當成個人出道手作飾品。

項鍊

耳針・耳環

手鍊

戒指

髮飾

胸針

4

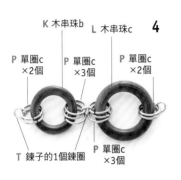

K 木串珠b　L 木串珠c

P 單圈c
×2個

P 單圈c
×3個

P 單圈c
×2個

T 鍊子的1個鍊圈

P 單圈c
×3個

如圖將木串珠b、c串接上單圈c及1個鍊圈。

3

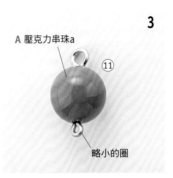

A 壓克力串珠a

⑪

略小的圈

以9針分別穿接壓克力串珠a，折彎針頭製造1個配件⑪。折彎的圈要略小於其他配件的圈。

2

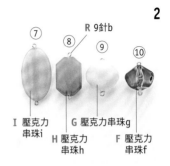

⑦　　⑧　　R 9針b　　⑩
　　　　　　⑨

I 壓克力串珠i　　G 壓克力串珠g
　H 壓克力串珠h　　F 壓克力串珠f

以9針b分別穿接串珠，折彎針頭製作配件⑦⑧⑨⑩各1個。

串接配件

5

T 鍊子11.5cm

T 鍊子16.5cm

①

②

⑥

②

⑤

O 單圈b

4的配件

③

⑧

③

⑨

③

①

⑥

④

②

⑥

⑦

N 單圈a

T 鍊子的1個鍊圈

M 鏤空配件

T 鍊子的1個鍊圈

⑩

⑪

S 龍蝦扣

參考右圖，將**1**至**4**配件的單圈（★的部分）串接起來。鏤空配件以單圈a及鍊圈串接。將項鍊兩端串接鍊子，最後在鍊子末端以單圈b串接龍蝦扣，另一端則串接⑪。

memo　變更串珠的顏色、款式及形狀進行改造，即會呈現截然不同的風情。請務必動手挑戰看看。

02 雙色滴石 & 棉珍珠耳環

⇨P.86

製作配件

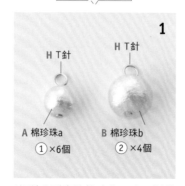

I 耳針

4

打開耳環金屬配件的圈，串接**3**的金屬環。

↓

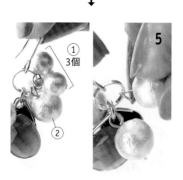

①3個

②

5

將**1**的①及其餘的②的圈打開後，串接**4**的金屬環。於單圈右側依序串接1個②·3個①。

↓

6

依照**5**的手法，將單圈左側依序串接1個②、3個①。以相同作法製作另一個耳環。

1

H T針　　H T針

A 棉珍珠a　　B 棉珍珠b

①×6個　　②×4個

以T針分別穿接棉珍珠a、b，折彎針頭製作配件6個①、4個②（⇨P.180-③）。

↓

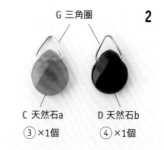

G 三角圈

2

C 天然石a　　D 天然石b

③×1個　　④×1個

以三角圈分別串接天然石a、b，製作成配件③④各1個。

串接配件

②　F 單圈　　E 金屬環

3

②

③　　④

以單圈將**1**及**2**的配件②③④全部穿接起來，再串接金屬環。

完成尺寸：長3.7cm

材料

A 棉珍珠a
（圓形·6mm·白色）—— 12顆

B 棉珍珠b
（圓形·8mm·白色）—— 8顆

C 天然石a（玉髓·水滴切割·12×10mm）—— 2顆

D 天然石b（縞瑪瑙·水滴切割·12×10mm）—— 2顆

E 金屬環（圓形·7mm·金色）
—— 2個

F 單圈（0.5×4.5mm·金色）- 2個

G 三角圈（0.8×8mm·金色）- 4個

H T針（0.6×20mm·金色）- 20根

I 耳針（U字耳勾·金色）—— 1副

工具

平口鉗／尖嘴鉗／斜剪鉗

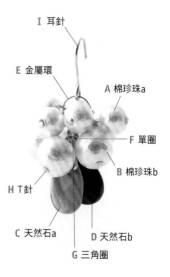

I 耳針

E 金屬環

A 棉珍珠a

F 單圈

B 棉珍珠b

H T針

C 天然石a　　D 天然石b

G 三角圈

05 壓克力串珠糖果色手環

⇨P.88

彈力線打結

3

平結

穿好所有配件後，剪開雙線彈力線的中心，拆掉串珠針，拉緊線集中整體配件，打平結固定（⇨P.188-17）。

↓

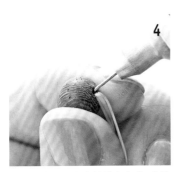

4

將結頭塞入最先穿接的木串珠a的孔內，灌入接著劑。以尖端為針狀的接著劑，即能漂亮的收尾。

↓

5

待接著劑乾後，剪掉跑出串珠孔的彈力線。以斜剪鉗貼近串珠邊緣修剪，結頭線就會剛好落在孔緣內。

穿接串珠

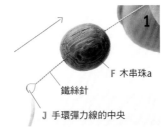

1

F 木串珠a

鐵絲針

J 手環彈力線的中央

串珠針穿過手環彈力線的中央，採用雙線縫穿過串珠。

↓

2

穿接

參考上圖的順序串接所有串珠。

起點

[紅色]

C 壓克力串珠c

D 壓克力串珠d

B 壓克力串珠b

E 壓克力串珠e

完成尺寸：手圍16cm

材料

[綠色]

A 壓克力串珠a（圓形切割・15×15mm・白色）——— 1顆
B 壓克力串珠b（不規則礦塊形・19×20mm・白色）——— 1顆
C 壓克力串珠c（不規則礦塊形・19×20mm・綠色）——— 1顆
D 壓克力串珠d（多角形・24×16mm・黃色）——— 1顆
E 壓克力串珠e（不規則礦塊形・30×21mm・橘色）——— 1顆
F 木串珠a（硬幣形・11mm・褐色）——— 2顆
G 木串珠b（橢圓形・30×20mm・褐色）——— 2顆
H 鑲鑽隔珠（8mm・透明×金色）——— 1顆
I 金屬配件（雛菊形・5×1.5mm・金色）——— 8個
J 手環彈力線 ——— 80cm×1條

※製作[紅色]時，請變更以下配件顏色：B鮭魚粉紅色、C波爾多紅色、D杏色、E波爾多紅色。

工具

鐵絲針／斜剪鉗／接著劑

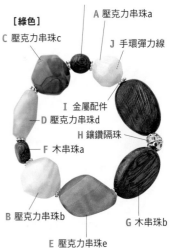

[綠色]

F 木串珠a

A 壓克力串珠a

C 壓克力串珠c

J 手環彈力線

I 金屬配件

D 壓克力串珠d

H 鑲鑽隔珠

F 木串珠a

B 壓克力串珠b

G 木串珠b

E 壓克力串珠e

06 祝福念珠風長項鍊

⇨P.89

製作配件

4

以吊飾a的 **3** 右圈，串接與 **3** 相同的配件及鍊子。

1

A 切割玻璃珠　B 捷克珍珠a　C 捷克珍珠b

F 9針

① ×14個　② ×14個　③ ×7個

以9針穿接串珠後，折彎針頭製作14個配件①、14個②、7個③（⇨P.180-③）。

↓

2

★×2個
② ① ③ ① ②

♥×2個
② ① ③ ① ② ① ③ ① ②

▲×1個
② ① ③ ① ② ① ③ ① ②

將 **1** 配件的9針打開串接，製作2個★、2個♥及1個▲。

串接Y字部分

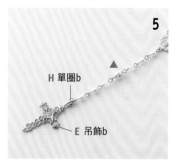

5

H 單圈b
▲
E 吊飾b

打開 **2** 製作的 ▲ 9針圈，串接吊飾a下面的圈。▲ 的另一端，以單圈b串接吊飾b。

串接五金配件

6

I 龍蝦扣
G 單圈a
G 單圈a
J 延長鍊

在 **3** 及 **4** 串接11cm鍊子兩端，以單圈a分別串接龍蝦扣及延長鍊。

串接項鍊部分

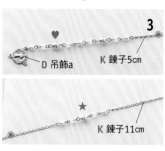

3

♥
D 吊飾a　K 鍊子5cm
★
K 鍊子11cm

打開 **2** 製作的 ♥ 9針圈，串接吊飾a的左圈。另一端串接5cm的鍊子。5cm的鍊子的另一端，串接 **2** 製作的 ★ 9針圈。★ 的另一端則串接11cm的鍊子。

完成尺寸：脖圍60cm

材料

A 切割玻璃珠（鈕釦切割・4mm・白蛋白色）――― 14顆

B 捷克珍珠a（圓形・4mm・白色）――― 14顆

C 捷克珍珠b（圓形・6mm・米色）――― 7顆

D 吊飾a（聖母帶3圈・金色）― 1個

E 吊飾b（十字形・金色）――― 1個

F 9針（0.6×3mm・金色）― 35根

G 單圈a（0.6×4mm・金色）― 2個

H 單圈b（0.6×5mm・金色）― 1個

I 龍蝦扣（金色）――――― 1個

J 延長鍊（金色）――――― 1條

K 鍊子（金色）
――― 5cm×2條、11cm×2條

工具

平口鉗／尖嘴鉗／斜剪鉗

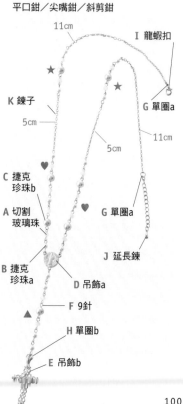

11cm
I 龍蝦扣
★
★
K 鍊子
G 單圈a
5cm
11cm
5cm
♥
C 捷克珍珠b
G 單圈a
A 切割玻璃珠
J 延長鍊
B 捷克珍珠a
D 吊飾a
▲
F 9針
H 單圈b
E 吊飾b

07 水滴形民族風耳環

⇨P.89

⇨P.89

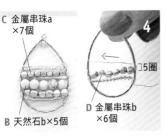

C 金屬串珠a ×7個

4

5圈

B 天然石b×5個

D 金屬串珠b ×6個

第二列穿過6顆金屬串珠b，AW在 **3** 的另一側繞到鐵絲環上方，接著纏繞 5圈。重複「穿接串珠纏繞5圈」的 手法，將第3〜6排的串珠固定在鐵 絲環上。第三排接5顆天然石b、 第4排接6顆竹管珠、第5排穿接7 顆金屬串珠a、第6排穿接11顆小圓 珠，然後以AW纏繞5圈。

↓

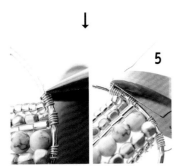

5

將多餘的AW繞到鐵絲圈側面，以斜 剪鉗剪掉。以平口鉗將AW末端壓 平。

串接整體

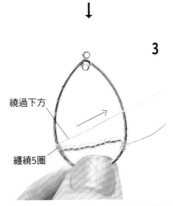

L 耳針

6

①

③ ③

②

如圖串接 **1** 的配件①至③，以平口 鉗將鐵絲圈的圈串接在耳針上。以相 同作法製作另一個耳環。

製作配件

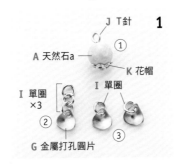

J T針

1

A 天然石a

①

K 花帽

I 單圈 ×3

I 單圈

②

③

G 金屬打孔圓片

以T針穿接花帽及天然石a，折彎針 頭製作1個配件①。串接3個單圈， 再串接1個金屬打孔圓片製作成配件 ②，還有以1個單圈串接金屬打孔圓 片，製作③2個。

纏繞AW

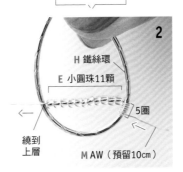

2

H 鐵絲環

E 小圓珠11顆

5圈

繞到 上層

M AW（預留10cm）

在AW端預留10cm，於圖中鐵絲環的 位置纏繞5圈。第一排AW串接11顆 小圓珠，繞到鐵絲環的上方。

↓

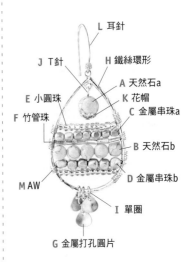

3

繞過下方

纏繞5圈

AW纏繞鐵絲環5圈，繞過鐵絲環下 方再回折。

完成尺寸：成品 長3.4cm

材料

A 天然石a（染色土耳其石· 圓形·6mm）————— 2顆

B 天然石b（染色土耳其石· 圓形·4mm）———— 10顆

C 金屬串珠a （方形·2mm·金色）—— 14顆

D 金屬串珠b （方形·3mm·金色）—— 12顆

E 小圓珠（金色）———— 44顆

F 竹管珠（3mm·金色）—— 12顆

G 金屬打孔圓片 （6×5mm·消光金色）—— 6片

H 鐵絲環形（水滴形帶環· 34×24mm·金色）——— 2顆

I 單圈（0.7×3.5mm·金色） ————————— 10個

J T針（0.6×2.0mm·金色）— 2根

K 花帽（6mm·金色）———— 2個

L 耳針（U字耳勾·金色）—— 1副

M AW［藝術銅線］ （#28·金色）——— 50cm×2條

工具

平口鉗／尖嘴鉗／斜剪鉗

L 耳針

J T針   H 鐵絲環形

E 小圓珠   A 天然石a

F 竹管珠   K 花帽

C 金屬串珠a

B 天然石b

D 金屬串珠b

M AW

I 單圈

G 金屬打孔圓片

memo 鐵絲圈除了水滴形（drop）以外還有圓形。也建議當成墜飾使用。

08 長方珠梯形編織手環

⇨P.90

縫接串珠

3

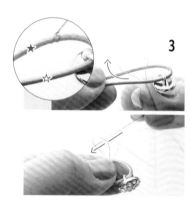

1的線於鈕釦側面的皮繩（★）打結。將線中央由下往上放入2條皮繩之間，串珠針由上穿過線中央形成的圈，拉緊。

↓

4

B 雙孔長方珠a

連針帶線穿過雙孔長方珠a的單側孔，經過皮繩（☆）的下方。

1

H 串珠編織線

串珠針

將串珠編織線穿針引線，採用雙線縫。

↓

2

F 鈕釦

G 皮繩

皮繩中央

鈕釦穿到皮繩中央，將皮繩對折。

完成尺寸：長約54cm

材料

A 古董珠（金色）———— 42顆
B 雙孔長方珠a（5×2.3×1.9mm・
　　消光象牙色）———— 28顆
C 雙孔長方珠b
　　（5×2.3×1.9mm・白色）— 28顆
D 樹脂珍珠（圓形・3mm・白色）
　　　　　　　　　　　　———— 42顆
E 金屬串珠（3×2mm・金色）
　　　　　　　　　　　　———— 20顆
F 鈕釦（11mm・銀色）———— 1顆
G 皮繩（1.5mm・米色）
　　　　　　　　　———— 140cm×1條
H 串珠編織線（#40・白色）
　　　　　　　　　———— 260cm×3條

工具

串珠針／剪刀／接著劑
牙籤

Q & A

Q 何謂雙線縫？

A 串珠針穿過1根串珠編織線至線中央，串珠編織線兩端一起打線頭結，以雙線縫紉。

C 雙孔長方珠b

B 雙孔長方珠a

H 串珠編織線

E 金屬串珠

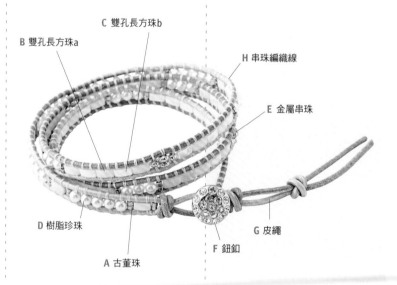

D 樹脂珍珠

A 古董珠

F 鈕釦

G 皮繩

換線

9

進行▲的第4次編織時，換成第2條串珠編織線。編到雙孔長方珠b單邊的孔時拆下針，雙線在皮繩☆分成上下。

↓

10

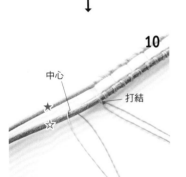

以線在背面打結後直接留在上面。將第2條線中心通過皮繩（☆），雙線一起穿過針頭。

7

針線從皮繩（☆）的上方穿過6的同個串珠孔，經過皮繩（★）的上方拉緊線。以4至7的相同手法，按照雙孔長方珠a→b→a→b→a的順序，合計編織5顆串珠。

↓

8

請參考下圖的模式繼續編織。單孔串珠也依照相同手法編織。即使串珠大小不一，也不要強行拉緊，以相同力道編織。

5

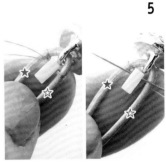

針線從皮繩（☆）的上方穿過4的同個串珠孔，經過皮繩（★）的上方拉緊線。

↓

6

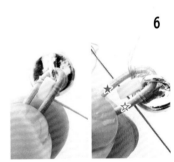

針線從皮繩（★）的下方穿過雙孔長方珠a另一邊串珠孔，經過皮繩（☆）的下方拉緊線。

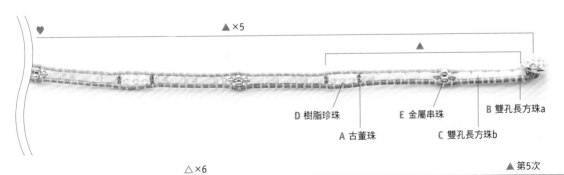

♥ ▲×5 ▲

D 樹脂珍珠　　E 金屬串珠　　B 雙孔長方珠a
A 古董珠　　C 雙孔長方珠b

△×6 ▲ 第5次 ♥

← 接續P.104

memo 就算沒有長方珠般的雙孔，僅有像珍珠般的單孔串珠，也可以相同方法編織。

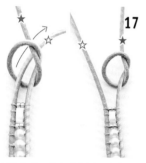

17

將皮繩打結。先在皮繩（★）打一個鬆結，將皮繩（☆）通過結圈內。

↓

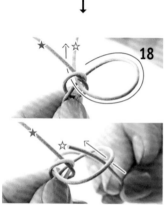

18

皮繩（☆）如圖穿過結圈後就拉緊。將結頭調整到最後編織的串珠旁邊。

↓

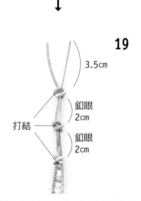

19

3.5cm

釦眼 2cm

打結

釦眼 2cm

如圖製作釦眼的同時，2條皮繩的長度拉成一致後再打兩個結，最後預留3.5cm的皮繩後，以剪刀剪斷多餘皮繩。

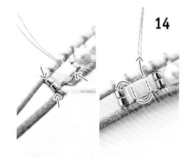

14

如圖將針線回穿雙孔長方珠，在3處箭頭以牙籤塗抹接著劑，在珠子邊緣剪去多餘的線。

↓

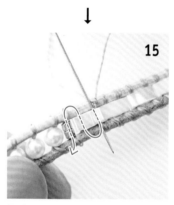

15

換線時留下的線於最後階段統一收尾。如圖以針挑起以新線編織的那顆串珠。

↓

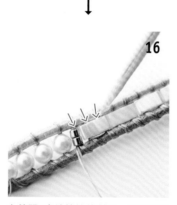

16

在箭頭3處塗抹接著劑後，在串珠邊緣剪去多餘的線。

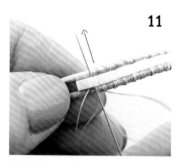

11

針線穿過在 **9** 最後穿過的雙孔長方珠b的孔內，以相同手法編織串珠。當剩餘的線不夠用時，比照相同方式換線。

為線收尾

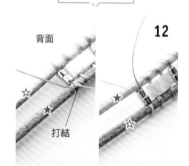

12

背面

打結

編好所有串珠後，將針拆下，雙線在皮繩（★）處分成上下，於背面打平結固定。

↓

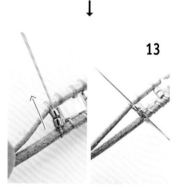

13

再次將針穿線，穿過最後編織的古董珠內，拉緊線將 **12** 打好的結頭拉進古董珠內。

09 小圓珠流蘇耳環

⇨P.90

完成尺寸：成品 長6cm

材料

A 特小串珠（海軍藍色）—— 58顆
B 小圓珠a（焦金色）—— 46顆
C 小圓珠b（銀色灌銀色）
—— 30顆
D 小圓珠c（薄荷綠色）
—— 30顆
E 竹管珠（3mm・金色）—— 28顆
F 金屬串珠（圓形・2mm・金色）
—— 44顆
G 葉子吊飾（金色）
—— 2個
H 圓頭T針（0.6×30mm・金色）
—— 14根
I 9針（0.6×30mm・金色）
—— 18根
J 耳針（魚勾・金色）
—— 1副
K 鍊子（金色）
—— 5cm×2條

工具

平口鉗／尖嘴鉗／斜剪鉗

製作配件

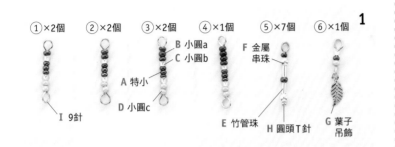

①×2個　②×2個　③×2個　④×1個　⑤×7個　⑥×1個　**1**

B 小圓a
C 小圓b
A 特小
D 小圓c
I 9針
F 金屬串珠
E 竹管珠
H 圓頭T針
G 葉子吊飾

以9針・圓頭T針穿接串珠，折彎針頭製成配件（⇨P.180-③）。配件①、②③、④是更改小圓珠a數量（1至4）製作。配件⑥則是將下方的折彎針頭改為縱向製作。

K 鍊子　**4**

打開 **3** 的9針圈串接在鍊子末端。同樣以鍊子的另一端串接9針。

串接配件

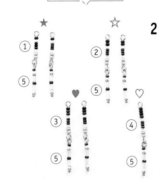

2

打開 **1** 的配件①②③④的圈，分別串接配件⑤。

↓

3

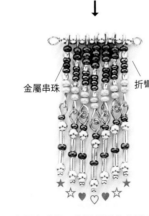

金屬串珠　　折彎針頭

金屬串珠與 **2** 串接的配件交互串接在9針上，以平口鉗折彎針頭。

串接五金配件

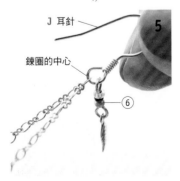

J 耳針　**5**

鍊圈的中心

⑥

打開耳針的圈，將 **1** 的配件⑥串接在鍊子中央的鍊圈上。以相同作法製作另一個耳環。

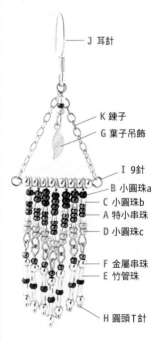

J 耳針
K 鍊子
G 葉子吊飾
I 9針
B 小圓珠a
C 小圓珠b
A 特小串珠
D 小圓珠c
F 金屬串珠
E 竹管珠
H 圓頭T針

memo 受歡迎的流蘇耳環，只要改變長度、流蘇數量及串珠大小，即會呈現截然不同的風貌。

10　大花夾式耳環

⇨P.91

剪裁羊毛不織布

4

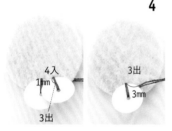

針從距亮片邊緣3mm處出針（3出）。比照**3**縫接亮片，從出針處針距1mm處入針（4入）。

1

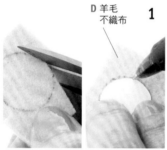

複印紙型後剪下來。將紙型貼著羊毛不織布，以原子筆或記號筆沿著紙型畫線，以剪刀修剪成配件。

完成尺寸：成品 直徑3cm

材料

A　亮片（圓片・6mm・米色）
　　—————————— 40至54片
B　小圓珠（白底紅直條紋）
　　——————————————— 56顆
C　耳夾（附橡皮墊片・圓盤・金色）———————————— 1副
D　羊毛不織布（厚2mm・米色）
　　————————— 2×2cm×2片
E　合成皮革（厚2mm・綠色）
　　————————— 2×2cm×2片
F　串珠編織線（#40・白色）
　　————————————— 適量

工具

串珠針／剪刀／接著劑／牙籤
原字筆或記號筆

5

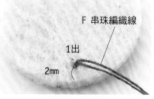

依照**4**往回穿，往右繞縫1圈亮片。亮片約12至15片左右。亮片片數會因為重疊情況產生差異，請依個人喜好調配數量。

縫接亮片

2

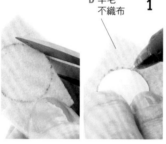

（正面）

串珠編織線穿線後採用雙線縫。從羊毛不織布內緣2mm處，由背面朝正面出針（1出）。

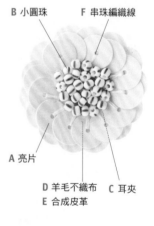

B 小圓珠　　F 串珠編織線

A 亮片

D 羊毛不織布　C 耳夾
E 合成皮革

原寸紙型

6

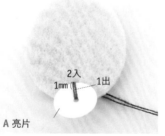

第2圈亮片縫接在第1圈亮片的內側。從第1圈亮片與亮片的間隙上方2mm出針。

3

A 亮片

以線縫接亮片後，針朝羊毛不織布的中心，從**2**出針處針距1mm處入針（2入）。

※為方便讀者辨識，因此將圖文步驟的編織線更換成紅色製作。

13

上圖為剪下來的圓形。再以剪刀修剪形狀。

↓

14

C 耳夾

以牙籤沾取接著劑，塗抹耳夾的圓盤底座。

↓

15

將 **13** 的合成皮革黏貼在耳夾上。以相同作法製作另一個耳環。

10

以牙籤沾取接著劑，塗抹羊毛不織布的背面。

↓

11

E 合成皮革

將 **10** 黏貼在合成皮革的正中央。

↓

12

待接著劑乾後，以剪刀沿著羊毛不織布剪裁合成皮革。

7

縫接亮片後，採用第1圈的縫接手法縫接第2圈亮片。第2圈亮片約8至12片。

縫 接 串 珠

↓

8

B 小圓珠

於中央逐一縫接小圓珠。從背面朝正面出針，穿接串珠後由出針處入針。

↓

9

以 **8** 的相同作法，縫接28顆串珠蓋住中心部位。以線在背面打結收尾。

11 五顏六色的花瓣夾式耳環

⇨P.91

剪裁羊毛不織布

複印紙型後剪下來。將紙型貼著羊毛不織布，以原子筆或記號筆沿著紙型畫線，以剪刀修剪成配件。

3

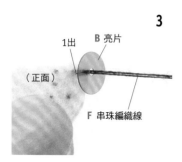

串珠編織線穿線後採用雙線縫。針從**2**的★處由背面朝正面出針，縫接亮片（1出）。

↓

縫接亮片

2

以原子筆或記號筆，在外側5處跟內側6處作出等間隔的記號。

4

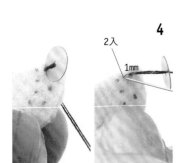

針從**3**的穿針處朝中心1mm入針（2入）。拉緊縫線後，稍微立起亮片。

完成尺寸：長1.7×寬2.3cm

材料

藍色×粉紅色

A 古董珠（藍色）——	48顆
B 亮片（圓片・6mm・粉紅色）	
	22枚
C 耳夾（附橡皮墊片・圓盤・金色）——	1副
D 羊毛不織布（厚2mm・原色）	
	1.5×1.5cm×2片
E 合成皮革（厚2mm・綠色）	
	1.5×1.5cm×2片
F 串珠編織線（#40・白色）- 適量	

工具

串珠針／剪刀／接著劑／牙籤

[藍色×粉紅色]

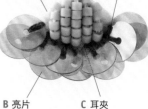

- A 古董珠
- D 羊毛不織布
- E 合成皮革
- F 串珠編織線
- B 亮片
- C 耳夾

原寸紙型

[藍色×粉紅色]
古董珠……粉紅色
亮片……透明藍色

[黃色×灰色]
古董珠……灰色
亮片……黃色

[綠色×紫色]
古董珠……紫色
亮片……綠色

※主要是更改古董珠及亮片的用色締造色彩變化性。

※為方便讀者辨識，因此將圖文步驟的編織線更換成紅色製作。

縫接亮片

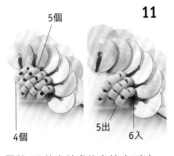

11

5個

4個

5出

6入

緊貼 **10** 的出針處後出針（5出）。縫接4顆古董珠，於亮片間隙入針（6入）。在 **9** 縫接的6顆串珠的另一側，以相同手法依序縫接5顆及4顆串珠。最後線於背面打結收尾。

↓

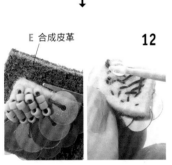

12

E 合成皮革

以牙籤沾取接著劑，塗抹羊毛不織布的背面，黏貼合成皮革。待接著劑乾後，沿著羊毛不織布以剪刀裁剪合成皮革。

↓

13

C 耳夾

以牙籤沾取接著劑，塗抹耳夾的圓盤底座，將合成皮革黏貼在耳夾上。以相同作法製作另一個耳環。

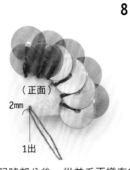

8

（正面）

2mm

1出

縫完記號部分後，從羊毛不織布的尖角後方2mm處，由背面朝正面出針（1出）。

↓

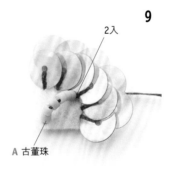

9

2入

A 古董珠

縫接6個亮片，在亮片的間隙入針（2入）。

↓

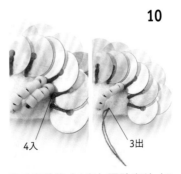

10

4入

3出

在 **8** 出針的（1出）隔壁出針（3出）。穿接5顆古董珠，於亮片間隙入針（4入）。

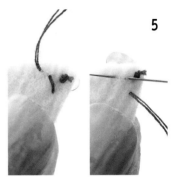

5

於背面不起眼處，在羊毛不織布上縫1小針，透過虛縫來增加強度。

↓

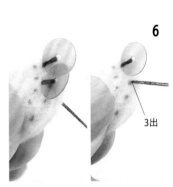

6

3出

從旁邊記號出針，以 **4** 的相同手法縫接亮片。亮片朝前方層層交疊。

↓

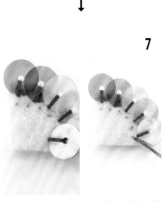

7

從旁邊記號出針，以 **4** 的相同第二排亮片，從 **2** 縫接的☆出針，以相同手法縫接亮片。

為基本款單品增添
別出心裁設計的
緞帶 & 繩結

將布料、繩結等
異素材進行組合搭配,
就能立即展現時尚印象。

---

01 ⏱ 60分 繩結

土耳其石
單向平結手環

以彈性編織繩打造簡約纖細的手環。
僅以單向平結編織的手環,
與手錶及手環重疊配戴,
也能展現成熟韻味。

HOW TO MAKE P.116-117

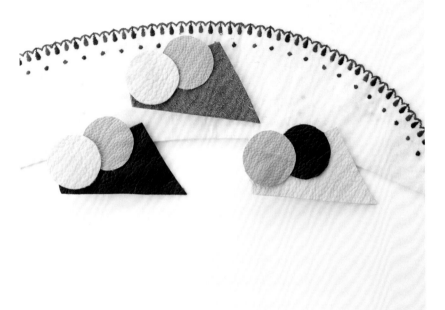

02 ⏱ 30分 [黏貼]

月＆夕陽髮夾

採用圓形及多角形的皮革，
製作成性格派設計髮夾。
略帶摩登印象頗具魅力。

HOW TO MAKE　P.118

03 ⏱ 60分 [縫接] [黏貼]

天鵝絨
珍珠髮夾

休閒形象的棉珍珠，
搭配天鵝絨勾勒出古典美。
是以針線就能完成的簡單飾品。

HOW TO MAKE　P.119

04

05

05 🕐 30分 [縫接] [黏貼]

鈕釦緞帶大別針

古典蝴蝶結交疊後，
以復古風格鈕釦加以點綴。
超適合搭配圍巾及帽子。

HOW TO MAKE P.121

04 🕐 60分 [編織] [穿接] [串接]

三股編珍珠手環

穿接同色系珍珠後，
以蠟線三股編即可。
是單條配戴就有模有樣的可愛手環。

HOW TO MAKE P.120

06 ⏱ 120分 穿接 縫接

綁帶項鍊

使用漸層暈染的布料，
把每一粒串珠包起來製作而成的項鍊。
由於只要重複單純作業即能製作，
是初學者也能輕鬆完成的單品。

HOW TO MAKE P.122-123

07 ⏱ 30分 串接

迷你蝴蝶結耳環

為了散發少女氣息的小蝴蝶結，
添加捷克珠點綴出成熟韻味。
以細鍊勾勒出優雅感。

HOW TO MAKE P.124

08 ⏱ 30分 縫接 黏貼

綢緞褶邊耳環

以綢緞蝴蝶結製作褶邊，
營造優雅兼具俏皮的印象。
遇到需要外出時，請務必配戴看看。

HOW TO MAKE P.125

10 ⏱ 30分 編織

鑽鍊手環

將鑽鍊編織入繩的簡單手環。
開朗活潑的金屬配件是很好的視覺焦點。

HOW TO MAKE P.128

09 ⏱ 60分 編織 串接

環狀結手環

將柔和色調的線
運用2種編織法打造的手環。
以金屬配件點綴出豪華感。

HOW TO MAKE P.126-127

11 ⏱ 15分 黏貼

珍珠毛球半圓耳環

只要在玻璃半球中填充線及配件後，
即能打造出超可愛飾品。
是融入羊毛締造溫馨感的設計。

HOW TO MAKE P.129

01 土耳其石單向平結手環

⇨P.110

以編織繩打平結

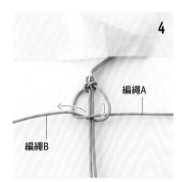

4

編繩A
編繩B

編繩B繞到芯繩下方，往上穿出左圈。

↓

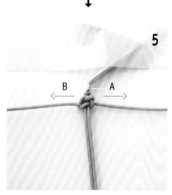

5

B ← → A

編繩A・B分別朝左右拉緊。截至目前已完成半個單向平結。

↓

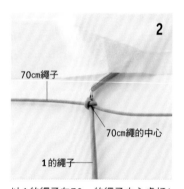

6

B ②① A
② ①

接下來把編繩A放在芯繩上，再將編繩B放在編繩A上。

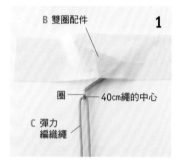

1

B 雙圈配件
圈 40cm繩的中心
C 彈力編織繩

以紙膠帶將雙圈配件黏貼固定於工作台上。以40cm的編織繩穿接單側圈後，將繩子對折。

↓

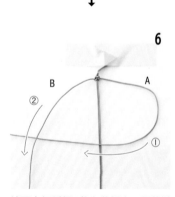

2

70cm繩子
70cm繩的中心
1的繩子

以1的繩子在70cm的繩子中心處打1次結。

↓

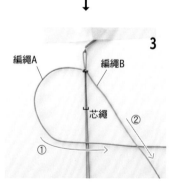

3

編繩A 編繩B
芯繩 ②
① →

將1作為芯繩，70cm繩子作為編繩開始打單向平結（⇨P.187-[17]）。編繩A先放在芯繩上，再將編繩B放在編繩A上。

完成尺寸：
手圍13cm〜可調整

材料

[三角形]

A 金屬串珠（棗形・4mm・消光金色）———— 2顆
B 雙圈配件（三角形・土耳其藍×金色）———— 1個
C 彈力編織繩（0.7mm・暗褐色）———— 30cm×1條、40cm×2條、70cm×2條

[長方形]

A 金屬串珠（棗形・4mm・消光金色）———— 2顆
B 雙圈配件（長方形・土耳其藍×金色）———— 1個
C 彈力編織繩（0.7mm・暗褐色）———— 30cm×1條40cm×2條、70cm×2條

工具

剪刀／打火機／紙膠帶

[三角形]

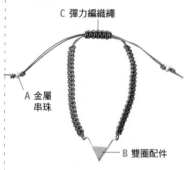

C 彈力編織繩
A 金屬串珠
B 雙圈配件

[長方形]

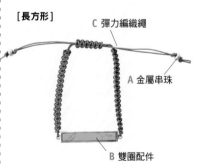

C 彈力編織繩
A 金屬串珠
B 雙圈配件

組合完成

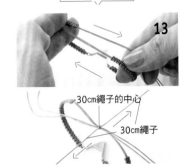

13

30cm繩子的中心

30cm繩子

圍起整體後，芯繩如圖般平行重疊，4條芯繩於30㎝的繩子中央打1次結。

↓

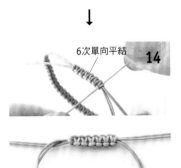

6次單向平結

14

將30cm繩子作為編繩，打6次單向平結（此時芯繩為4條）。打結完畢後依照**11**的作法將繩子末端收尾。

↓

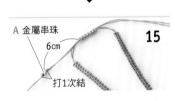

A 金屬串珠

6cm

打1次結

15

5mm

在**14**的單向平結後6cm處，以2條芯繩一起打結，穿接1顆金屬串珠後，以2條芯繩再度打結。預留5mm的芯繩然後剪斷，最後繩子末端燒融固定來收尾。以相同作法將另一側的芯繩收尾。

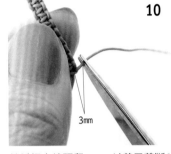

10

3mm

於編繩末端預留3mm，以剪刀剪斷2條編繩。芯繩保留不要剪斷。

↓

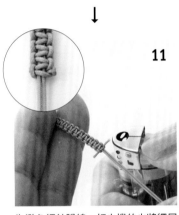

11

為避免繩結脫線，打火機的火將繩尾燒融固定（▷P.188）來收尾。2處都要固定。燒融時要注意別燒到芯繩。

↓

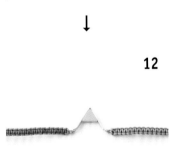

12

重複**1**至**11**的作法，在雙圈配件的另一側打21個單向平結。

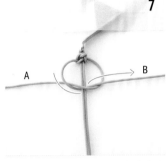

7

A ──────── B

編繩B繞到芯繩下方，往上穿出右圈。

↓

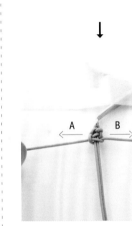

8

←A B→

編繩A・B分別朝左右拉緊。**3**至**8**已完成1個單向平結。

↓

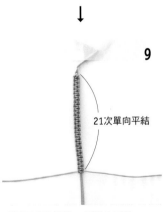

9

21次單向平結

以相同手法編織21個單向平結。

02　月＆夕陽髮夾

⇨P.111

黏貼主體

3

B 皮革b　　　A 皮革a

以牙籤沾取接著劑，塗抹圓形配件背面一半的範圍後，黏貼於多角形配件的正面。依照皮革a、b的順序重疊黏貼。

組合完成

4

D 髮夾五金配件

以牙籤在髮夾五金配件正面塗抹接著劑，黏貼在3背面的多角形配件上。

製作主體

1

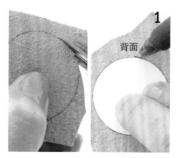

背面

將複印剪裁下來的紙型擺在皮革背面，以原子筆或記號筆沿著紙型描線，再以剪刀裁剪製成配件。

↓

2

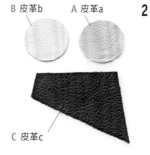

B 皮革b　　　A 皮革a

C 皮革c

分別製作皮革a、b的圓形配件，及皮革c的多角形配件。

原寸紙型

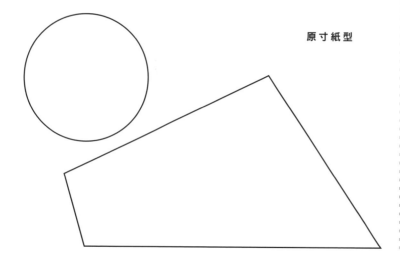

完成尺寸：長4.8×寬9.2cm

材料

[黑色]

A 皮革a（米色）―――― 4×4cm
B 皮革b（灰白色）―――― 4×4cm
C 皮革c（黑色）―――― 6×10cm
D 髮夾五金配件（1×6cm・銀色）
　　　　　　　　　　　　 1個

[橘色]

A 皮革a（米色）―――― 4×4cm
B 皮革b（灰白色）―――― 4×4cm
C 皮革c（橘色）―――― 6×10cm
D 髮夾五金配件（1×6cm・銀色）
　　　　　　　　　　　　 1個

[灰白色]

A 皮革a（黑色）―――― 4×4cm
B 皮革b（米色）―――― 4×4cm
C 皮革c（灰白色）―――― 6×10cm
D 髮夾五金配件（1×6cm・銀色）
　　　　　　　　　　　　 1個

工具

剪刀／接著劑／牙籤／原子筆

[黑色]

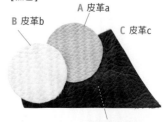

B 皮革b　　A 皮革a　　C 皮革c

D 髮夾五金配件

[橘色]

[灰白色]

03 天鵝絨珍珠髮夾

⇨P.111

製作主體

4

0.7cm　1.8cm

重複 **2**、**3** 的相同手法，將天鵝絨緞帶縫接7顆棉珍珠。最後出針處在緞帶背面。

↓

5

拉緊縫線製造皺褶，打結收尾。

黏貼五金配件

6

C 彈簧髮夾

以牙籤沾取接著劑，塗抹彈簧髮夾正面，黏貼於 **5** 的背面偏上方的部分（棉珍珠側）。

製作主體

1

B 天鵝絨緞帶

背面

背面

0.6cm

以牙籤沾取布用接著劑，塗抹天鵝絨緞帶背面的一端，往內折0.6cm。另一端也以相同作法處理。

縫接珍珠

2

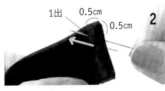

1出　0.5cm

0.5cm

2入　1.8cm

縫線穿針採用雙線縫。打結後，針從圖片的位置（1出）出針，穿接1顆棉珍珠後在出針處針距1.8cm處入針（2入）。

↓

3

3出

0.7cm

在 **2** 的針距0.7cm處出針（3出）。

完成尺寸：長2.5×寬9.5cm

材料

[深咖啡色]

A 棉珍珠（圓形・10mm・白色）
——————————— 7顆

B 天鵝絨緞帶（寬25mm・褐色）
——————————— 20cm

C 髮夾五金配件（80mm・金色）
——————————— 1個

D 縫線（黑色）—— 120cm×1條

[海軍藍色]

A 棉珍珠（圓形・10mm・白色）
——————————— 7顆

B 天鵝絨緞帶（寬25mm・
海軍藍色）——— 20cm×1條

C 髮夾五金配件（80mm・金色）
——————————— 1個

D 縫線（黑色）—— 120cm×1條

工具

牙籤／手縫針／布用接著劑

[深咖啡色]

D 縫線　A 棉珍珠

C 髮夾五金配件　B 天鵝絨緞帶

[海軍藍色]

※為方便辨識，因此將圖文步驟的縫線更換成白色製作。

⇨P.112

04 三股編珍珠手環

製作配件

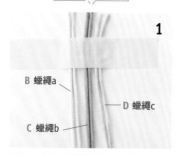

3種蠟線如圖依照米色、咖啡色及黃色的順序兩兩並排，以紙膠帶將繩尾末端黏貼固定於工作台上。

B 蠟繩a
D 蠟繩c
C 蠟繩b

完成尺寸：手圍16cm

材料

A 樹脂珍珠（圓形‧4mm‧米色）
———————————— 38顆
B 蠟繩a（1.2mm‧米色）
———————————— 150cm×2條
C 蠟繩b（1.2mm‧咖啡色）
———————————— 150cm×2條
D 蠟繩c（1.2mm‧黃色）
———————————— 150cm×2條
E C圈（0.7×3.5×4mm‧金色）
———————————— 2個
F 夾線頭（金色）———————— 2個
G 擋珠（金色）———————— 2顆
H 緞帶夾（10mm‧金色）
———————————— 2個
I 圓頭扣（金色）———————— 1個
J 延長鍊（金色）———————— 1個
K 串珠鋼絲線（0.3mm）
———————————— 25cm×1條

工具

平口鉗／剪刀／接著劑
紙膠帶／牙籤

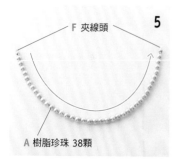

H 緞帶夾

為繩結處裝上緞帶夾（⇨P.185-12）。將繩結處末端塞至緞帶夾底端，以平口鉗確實壓夾固定。以相同作法處理另一側的繩末端。

編織繩結

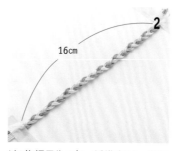

16cm

以2條繩子為1束，編織出16cm的三股編（⇨P.187-17）。編完後以紙膠帶貼在工作台上。

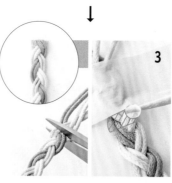

以牙籤沾取接著劑，塗抹膠帶附近的繩結處，靜待乾燥。為避免編繩處散開，正反兩面都要各自塗抹固定。乾燥後撕掉紙膠帶，以剪刀將繩結末端剪齊。

穿接串珠

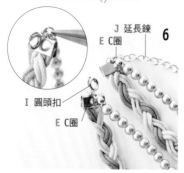

F 夾線頭
A 樹脂珍珠 38顆

以串珠鋼絲線穿接38顆樹脂珍珠，兩端以夾線頭及擋珠收尾。（⇨P.183-9）。

串接整體

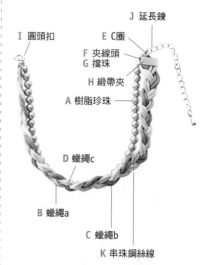

J 延長鍊
I 圓頭扣
E C圈
F 夾線頭
G 擋珠
H 緞帶夾
A 樹脂珍珠
D 蠟繩c
B 蠟繩a
C 蠟繩b
K 串珠鋼絲線

J 延長鍊
E C圈
I 圓頭扣
E C圈

以C圈把4的緞帶夾及5的夾線頭結合在一起。最後同樣以C圈分別串接圓扣頭及延長鍊。

05　鈕釦緞帶大別針

⇨P.112

製作主體

C 羅紋緞帶
背面
4

以羅紋緞帶纏繞 **3** 的中心，兩端於背面重疊後縫接中心。

重疊5mm
A 緞帶a
1

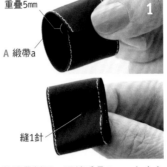

縫1針

將緞帶折圓，兩端重疊5mm，在中心縫1針固定。分別製作2個a及1個b。

↓

5

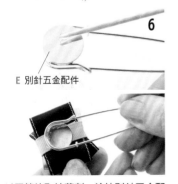

D 鈕釦

將鈕釦縫接在羅紋緞帶的正面中心處。

↓

B 緞帶b
2

將 **1** 的3個緞帶圈，依照a→b→a的順序，如圖略微交錯重疊。

黏貼五金配件

6

E 別針五金配件

以牙籤沾取接著劑，塗抹別針五金配件的圓盤，將 **5** 的背面中心處黏貼於圓盤上。

縫接羅紋緞帶

3

以針一次穿入3個緞帶圈，縫接固定中心。

完成尺寸：
成品 長4×寬3.5cm

材料

A 緞帶a（寬24mm‧黑色）
　　　　　　　　　　7.5cm×2條
B 緞帶b（寬24mm‧金色）
　　　　　　　　　　7.5cm×1條
C 羅紋緞帶（寬9mm‧米色）
　　　　　　　　　　8cm×1條
D 鈕釦（珍珠帶腳‧1.8mm）
　　　　　　　　　　　　1個
E 別針五金配件（附圓盤‧
　60mm‧金色）　　　　1個
F 縫線（黑色）　　　　適量

工具

手縫針／剪刀／接著劑／牙籤

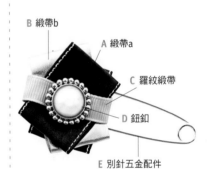

B 緞帶b
A 緞帶a
C 羅紋緞帶
D 鈕釦
E 別針五金配件

※為方便辨識，因此將圖文步驟的縫線更換成紅色製作。

---

06 綁帶項鍊

➡P.113

摺布料

1

5mm
5mm
背面
C 布料

布料上下端分別內摺5mm，以熨斗製作褶痕。

穿接串珠

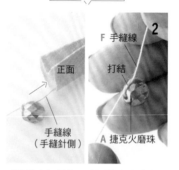

2

F 手縫線
打結
手縫線（手縫針側）
正面
A 捷克火磨珠

手縫針穿好線後，穿過捷克火磨珠後打結。由於這顆是藏珠，因此只要使用10mm串珠都可以。將1的布褶痕橫向對折，將縫線夾在布料之間。手縫針在此先告一段落。

縫接布端

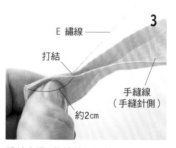

3

E 繡線
打結
約2cm
手縫線（手縫針側）

繡針穿過3條繡線，在夾有縫線的情況下在布料內打結來縫接布端。

4

繡針於離布端2cm處約繞線3圈，然後縫1針固定。繡針在此先告一段落。

↓

5

B 木串珠

拿起2擱置的手縫針拉扯縫線，將捷克火磨珠拉到4纏繞的繡線位置。以縫線穿接1顆木串珠。

↓

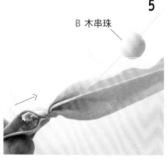

6

以布包起木串珠及縫線。

完成尺寸：全長140cm

材料

A 捷克火磨珠（10mm・褐色）
　　　　　　　　　　　　　　2顆
B 木串珠（圓形・10mm・天然）
　　　　　　　　　　　　　　34顆
C 布料（棉・斑點渲染）
　　　　　　　　　　寬6cm×長65cm
D 雪紡綢（褐色）　　95cm×2條
E 繡線（#25・鮭魚粉紅色）
　　　　　　　　　　　　　　適量
F 手縫線（米色）　　　　　適量

工具

剪刀／熨斗／刺繡針／手縫針

D 雪紡綢
F 手縫線
B 木串珠
A 捷克火磨珠
C 布料
E 繡線

13

縫接位置

D 雪紡綢

串接雪紡綢。以雪紡綢末端包住裹布的捷克火磨珠，以線縫接雪紡綢及棉布。

↓

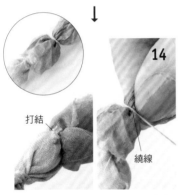

14

打結

繞線

拉緊線後在捷克火磨珠附近繞線3圈，將雪紡綢往上翻後縫1針固定，最後打結收尾。

組合完成

15

另一側也同樣串接雪紡綢。配戴時以緞帶於後頸部打蝴蝶結就可以。

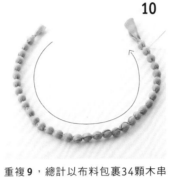

10

重複**9**，總計以布料包裹34顆木串珠。

↓

11

穿完所有木串珠後，將縫線以**2**的相同手法穿接捷克火磨珠並打結。

↓

12

縫線·繡線分別在布料內側不起眼處打結收尾。打結完後先不要拆針。

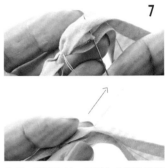

7

拿起**4**擱置的針，如圖在木串珠旁邊從布料內側出針。

↓

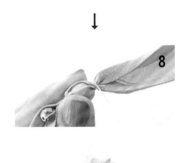

8

與**4**同樣在布料上繞線3圈，縫1針固定。

↓

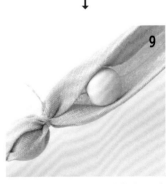

9

拿起**5**的手縫針，以縫線穿接1顆木串珠。以**6**至**8**的手法，以布包住串珠後纏線固定。

memo 包珠布不一定要用棉布。也可以寬緞帶或質地較軟容易處理的素材試著改造。

07　迷你蝴蝶結耳環

⇨P.114

製作配件

4

將**1**的羅紋緞帶圈對折後，套上**3**的造型單圈，調整成蝴蝶結形狀。

1

F 羅紋緞帶

5mm

（正面）

5mm

（正面）

在羅紋緞帶末端5mm處以牙籤塗抹布用接著劑，黏貼成緞帶圈。

↓

完成尺寸：長4cm

材料

[米色]

A 捷克珠（水滴形橫孔・
6×10mm・黑玉）———— 2顆

B 單圈（0.55×3.5×2mm・金色）
———— 2顆

C 造型單圈（6mm・金色）
———— 2顆

D 三角圈（0.6×5mm・金色）
———— 2顆

E 耳針（耳勾式・金色）
———— 1副

F 羅紋緞帶（寬9mm・米色）
———— 4cm×2條

G 鍊子（金色）———— 2cm×2條

[咖啡色]

A 捷克珠（水滴形橫孔・
6×10mm・碧藍墨色）
———— 2顆

B 單圈（0.55×3.5×2mm・金色）
———— 2顆

C 造型單圈（6mm・金色）
———— 2顆

D 三角圈（0.6×5mm・金色）
———— 2顆

E 耳針（耳勾式・金色）
———— 1副

F 羅紋緞帶（寬9mm・咖啡色）
———— 4cm×2條

G 鍊子（金色）———— 2cm×2條

工具

平口鉗／尖嘴鉗
布用接著劑／牙籤

串接整體

5

B 單圈

G 鍊子

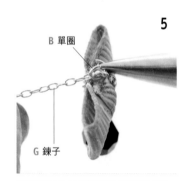

以單圈串接**4**的造型單圈與鍊子末端。

↓

2

D 三角圈

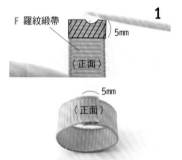

A 捷克珠

以三角圈串接捷克珠（⇨P.180-2）。

↓

6

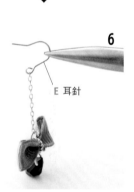

E 耳針

打開耳針的圈，串接鍊子的另一端。以相同作法製作另一個耳環。

3

C 造型單圈

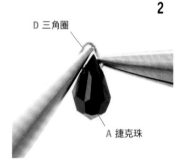

以造型單圈串接**2**的三角圈，以平口鉗確實閉合。

[米色]

E 耳針

[咖啡色]

G 鍊子

B 單圈

C 造型單圈

F 羅紋緞帶

D 三角圈

A 捷克珠

124

08　綢緞褶邊耳環

⇨P.114

製作主體

C 緞帶　**1**

緞帶兩端先以牙籤於薄塗一層接著劑防止綻線。

↓

2

約6mm

待接著劑乾後，如圖下摺至距下端6mm處。接著再往下摺至整體三分之一處。

縫接緞帶

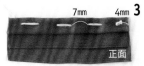

3

7mm　　4mm

正面

E 手縫線

正面

將最上面的4層折疊部分中心縫起來。手縫針穿線後打結，從末端4mm處入針，以7mm的針距縫6針。拉緊縫線製作皺褶，針繞回正面。

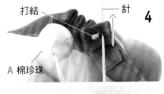

打結　　針　　**4**

A 棉珍珠

正面

以牙籤沾取接著劑，塗抹正面皺褶隆起處，並黏貼上鑽鍊。

組合完成

5

B 鑽鍊

以牙籤沾取接著劑，塗抹正面皺褶隆起處，並黏貼上鑽鍊。

組合完成

6

D 耳針的圓盤耳針

以牙籤沾取接著劑，塗抹耳針的圓盤耳針，黏貼於 5 背面的上側（棉珍珠側）。以相同作法製作另一個耳環。

完成尺寸：長3×寬4.5cm

材料

[酒紅色]

A 棉珍珠（圓形‧10mm‧白色）
　　　　　　　　　　　　　　2顆

B 鑽鍊（#100‧金色×透明）
　　　　　　2.5cm（8顆份）×2條

C 緞帶（寬4.9cm‧酒紅色）
　　　　　　　　　　　　5cm×2條

D 耳針（附圓盤底座‧10mm‧金色）　　　　　　　1副

E 手縫線（紅色）　　　　適量

[海軍藍色]

A 棉珍珠（圓形‧10mm‧白色）
　　　　　　　　　　　　　　2顆

B 鑽鍊（#100‧金色×透明）
　　　　　　2.5cm（8顆份）×2條

C 緞帶（寬4.9cm‧海軍藍色）
　　　　　　　　　　　　5cm×2條

D 耳針（附圓盤‧10mm‧金色）
　　　　　　　　　　　　　　1副

E 手縫線（黑色）　　　　適量

工具

手縫針／剪刀／牙籤／接著劑

[酒紅色]

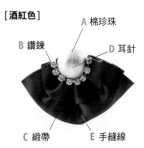

A 棉珍珠
B 鑽鍊　　　　D 耳針
C 緞帶　　　　E 手縫線

[海軍藍色]

※為方便辨識，因此將圖文步驟的手縫線更換成白色製作。

---

　memo　若步驟4的打結沒有打好，皺褶會鬆掉。若不擅長打此結，請先練習後再製作。

⇨P.115

09 環狀結手環

編織繩結

4

比照 **3** 的作法，一直打結到15cm。

↓

5

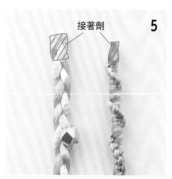

接著劑

為避免編繩鬆開，**1** 的三股編與 **4** 的環狀結的兩端，都要以牙籤塗抹接著劑。

↓

6

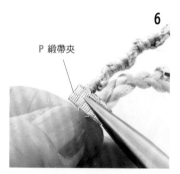

P 緞帶夾

待 **5** 的膠乾後，以剪刀將編繩端剪齊，裝上緞帶夾（⇨P.185-**12**）。另一端編繩也要配置。

1

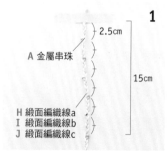

A 金屬串珠

2.5cm

15cm

H 緞面編織線a
I 緞面編織線b
J 緞面編織線c

緞面編織線a、b、c末端以紙膠帶黏貼固定於工作台上，進行三股編（⇨P.187-**17**）。每編織2.5cm就穿接1顆金屬串珠，一共編織15cm。

↓

2

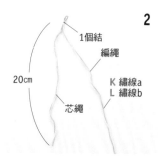

1個結

編繩

20cm

K 繡線a
L 繡線b

芯繩

繡線a、b分別取6條組成1條使用。接著如圖在20cm處對折，打1個結。將短端當作芯繩，長端當作編繩。

↓

3

編繩

芯繩

以繡線打環狀結（⇨P.187-**17**）。編繩繞到芯繩下方，如箭頭纏繞拉緊後，1個環狀結即完成。

完成尺寸：手圍16cm

材料

A	金屬串珠（4mm・金色）	
		6顆
B	吊飾a（貝殼・金色）	1個
C	吊飾b（海馬・金色）	
		1個
D	吊飾c（扇貝・金色）	1個
E	吊飾d（扇貝・金色）	1個
F	流蘇吊飾a（粉紅色）	
		1個
G	流蘇吊飾b（紫色）	
		1個
H	緞面編織線a（2mm・黃色）	
		25cm×1條
I	緞面編織線b（2mm・白色）	
		25cm×1條
J	緞面編織線c（2mm・綠色）	
		25cm×1條
K	繡線a（#25・灰色）	
		120cm×1條
L	繡線b（#25・藍色）	
		120cm×1條
M	單圈（0.6×5mm・金色）	
		6個
N	龍蝦扣（金色）	1個
O	延長鍊（金色）	1條
P	緞帶夾（10mm・金色）	
		2個

工具

平口鉗／尖嘴鉗／剪刀
接著劑／紙膠帶
牙籤

memo 環狀結的特徵在於結頭會旋轉環繞。一旦結頭方向相反就無法呈現漂亮的旋轉形狀，打結時務必要確認好方向。

POINT

五花八門的吊飾是重要關鍵！

由於手環本體結構簡單，所以串接吊飾是設計重點。本作品雖然是以海洋生物為主，也可以使用更簡單或更流行款式的吊飾加以點綴，在吊飾搭配組合上花點心思，試著改造成個人色彩濃厚的手環吧！

組合完成

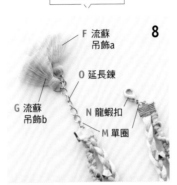

8

F 流蘇吊飾a
O 延長鍊
G 流蘇吊飾b
N 龍蝦扣
M 單圈

以單圈將**6**的緞帶夾串接龍蝦勾及延長鍊。於延長鍊末端串接流蘇吊飾a、b。

串接吊飾

7

E 吊飾d
M 單圈

參考下方整體構造圖，在環狀圈的編繩上勾單圈，串接吊飾a、b、c、d。

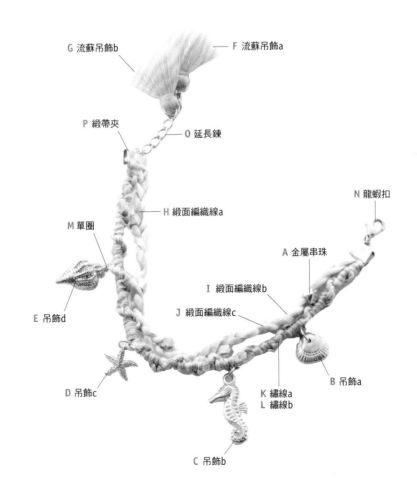

G 流蘇吊飾b
F 流蘇吊飾a
P 緞帶夾
O 延長鍊
N 龍蝦扣
H 緞面編織線a
A 金屬串珠
M 單圈
I 緞面編織線b
J 緞面編織線c
E 吊飾d
B 吊飾a
D 吊飾c
K 繡線a
L 繡線b
C 吊飾b

10 鑽鍊手環

⇨P.115

配置五金配件

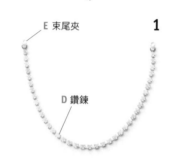

1

E 束尾夾

D 鑽鍊

以平口鉗將鑽鍊兩端的水鑽安裝束尾夾（⇨P.185-**13**）。

編織繩結

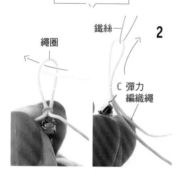

2

鐵絲

繩圈

C 彈力編織繩

先以鐵絲穿過彈力編織繩中心，然後引繩穿過束尾夾的圈，最後繩子兩端分別通過形成的繩圈。拉線將繩圈調整成方便套扣鈕釦的大小。

3

打一個結

以2條繩子在束尾夾的繩圈上打1個結。

4

芯繩

編繩

將2條繩子一左一右配置於鑽鍊兩側，打雙向環狀結（⇨P.188-**17**）先將左繩當作芯繩，右繩當作編繩，編繩從芯繩的前方繞往後方並拉緊。在此完成半個雙向環狀結。

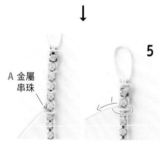

5

A 金屬串珠

將**4**的芯繩及編繩顛倒過來，把右繩當作芯繩，左繩當作編繩，編繩從芯繩的前方繞往後方並拉緊。在此完成1個雙向環狀結。重複**4**、**5**的步驟一直打結。打結過程中請參考整體構造圖，在鑽鍊上每隔6顆水鑽處穿接1個金屬串珠。

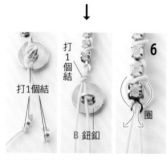

6

打1個結

打1個結

圈

B 鈕釦

打結到末端後，繩子從下方穿過束尾夾的圈，以2條繩子打1個結。右繩穿接鈕釦後，再度以2條繩子打1次結。最後如圖在金屬串珠的前後各打1個結，以剪刀剪去多餘的繩子。

完成尺寸：手圍16cm

材料

[水藍色]

A 金屬串珠（圓形・2mm・金色）
—————————— 8顆

B 鈕釦（笑臉・10mm・金色）
—————————— 1顆

C 彈力編織繩（0.7mm・水藍色）
—————————— 90cm×1條

D 鑽鍊（#110・乳白色）
—————————— 15.5cm×1條

E 束尾夾（#110用・金色）
—————————— 2個

[紫色]

A 金屬串珠（圓形・2mm・金色）
—————————— 8顆

B 鈕釦（笑臉・10mm・金色）
—————————— 1顆

C 彈力編織繩（0.7mm・紫色）
—————————— 90cm×1條

D 鑽鍊（#110・透明AB）
—————————— 15.5cm×1條

E 束尾夾（#110用・金色）
—————————— 2個

工具

平口鉗／剪刀／鐵絲

[水藍色]

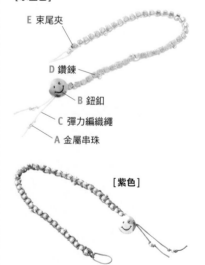

E 束尾夾

D 鑽鍊

B 鈕釦

C 彈力編織繩

A 金屬串珠

[紫色]

---

memo 任何鈕釦都可以拿來製作。除了圖片中的流行款式之外，也有附帶水晶的優雅款式，請隨個人喜好挑選。

11 珍珠毛球半圓耳環

⇨P.115

項鍊

耳針・耳環

手鍊

戒指

髮飾

胸針

填充配件

4

以打孔錐調整於 **2** 放入的配件及毛線，使材料均勻分布。

1

D 鑽鍊

以斜剪鉗將鑽鍊分剪成單顆水鑽。單耳準備5顆。

↓

黏貼花帽

5

G 花帽

以牙籤沾取接著劑，塗抹玻璃半球的開孔周圍，黏貼花帽成蓋。

↓

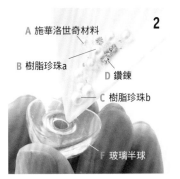

2

A 施華洛世奇材料
B 樹脂珍珠a
D 鑽鍊
C 樹脂珍珠b
F 玻璃半球

在串珠盤內放入10顆施華洛世奇材料、4顆樹脂珍珠a、4顆樹脂珍珠b、5顆水鑽。依序放入玻璃半球內。

↓

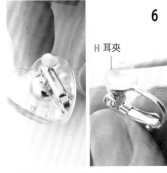

6

H 耳夾

以牙籤沾取接著劑，塗抹耳夾碗形底座，黏貼上 **5** 的花帽。以相同作法製作另一個耳環。

3

E 毛線

以打孔錐將20cm毛線塞入玻璃半球內。

完成尺寸：成品直徑2.2cm

材料

A 施華洛世奇材料
（#5328・3mm・透明AB）
—————— 20顆

B 樹脂珍珠a
（圓形・4mm・白色）—— 8顆

C 樹脂珍珠b
（圓形・4mm・米色）—— 8顆

D 鑽鍊（#100・2mm・
透明×金色）—————— 10顆份

E 毛線（中粗・白色）
—————— 20cm×2條

F 玻璃半球
（半球形・22mm）———— 2個

G 花帽（8mm・金色）———— 2個

H 耳夾（碗形・金色）———— 2個

工具

斜剪鉗／打孔錐／牙籤
串珠盤／接著劑

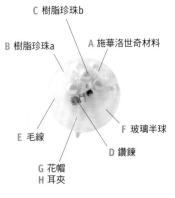

C 樹脂珍珠b
B 樹脂珍珠a
A 施華洛世奇材料
F 玻璃半球
E 毛線
D 鑽鍊
G 花帽
H 耳夾

※圖文步驟將玻璃半球更換成心形製作。

memo 玻璃半球擁有心形及星形等各種形狀、大小，除了串珠之外，也可以塞入像是乾燥花等素材。

將自創圖案以
熱縮片
直接變成飾品

在熱縮片上描繪自己喜歡的圖案並加熱，
就能成為出色的飾品。
在混搭素材及著色方式下點功夫。

02　🕐 30分　[硬化] [串接]

圓形手鍊

以熱縮片製作的彩環，
串接造型單圈的手鍊。

HOW TO MAKE　P.134-135

01　🕐 60分　[硬化] [黏貼]

藝術風髮夾

就連喜歡的紡織風格，
也可透過彩色列印製作成個人專屬飾品。

HOW TO MAKE　P.136

項鍊

耳針・耳環

手鍊

戒指

髮飾

胸針

03

🕐 30分　硬化　串接

彩色鈕釦玩心耳環

象牙色配件及玻璃串珠，
醞釀清爽氣息的媚俗藝術風耳環。
加熱後的熱縮片再以UV水晶膠裝飾表面後，
即會呈現出圓滾滾的可愛形象。

HOW TO MAKE　P.137

04 🕐 30分 [硬化] [黏貼]

小花戒指

UV水晶膠加入粉彩的粉末攪拌上色，
打造成不透明色可愛戒指。
低調散佈的亮片與
施華洛世奇小鑽飾為設計重點。

HOW TO MAKE **P.138**

項鍊

耳針・耳環

手鍊

戒指

髮飾

胸針

06 🕐 30分 串接

百合耳環

僅是將熱縮片加熱扭轉，
居然會呈現出如此有趣的形狀。
以金屬配件加以點綴，就化身為質感纖細的耳環。

HOW TO MAKE **P.140**

05 🕐 30分 黏貼

條紋胸針

將透明熱縮片增添圖案，
是簡約且方便使用的胸針。
堪稱百搭款飾品。

HOW TO MAKE **P.139**

02 圓形手鍊

⇨P.130

製作配件

4

製作[小]彩圈必須用到2個圓，製作[大]彩圈必須用到1個圓。將準備好的圓著色面朝下放在烘焙紙上，送入烤箱加熱（600W）。

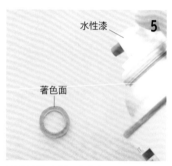

水性漆 **5**

著色面

以水性漆噴灑**3**的著色面避免色鉛筆掉色，靜待完全乾燥。著色面為背面。

硬化配件

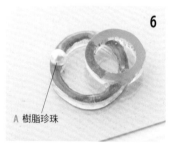

6

A 樹脂珍珠

以牙籤沾取接著劑塗抹樹脂珍珠，黏貼配置於**5**上。塗抹UV水晶膠後，以接著劑把[小]彩圈的大小雙圓重疊黏貼固定。直接照射UV燈硬化固定也可以。

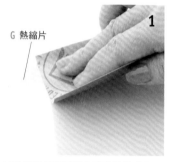

G 熱縮片

1

以砂紙彷彿畫圓般打磨熱縮片表面，全面打磨成白色後沖水擦乾。

2

熱縮片疊在原寸紙型（⇨P.141）上以紙膠帶固定，以淺色色鉛筆描繪案後，以剪刀裁剪。圓的內側以美工刀割掉。

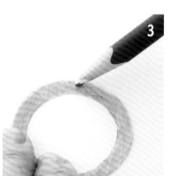

3

以色鉛筆在**1**的打磨面上自由著色。

完成尺寸：
小／成品長1.8×寬2cm
大／成品直徑2cm

材料

[小]

A 樹脂珍珠（圓形・3mm・白色）
　　　　　　　　　　　　　　　1顆

B 單圈（0.6×3mm・金色）
　　　　　　　　　　　　　　　4個

C 造型單圈（1.2×10mm・金色）
　　　　　　　　　　　　　　　2個

D 龍蝦扣（金色）　　　　　　　1個

E 延長鍊（金色）　　　　　　　1條

F 鍊子（金色）　　　　　6cm×2條

G 熱縮片（厚0.3mm・透明）
　　　　　　　　　　　　10×10cm

H UV水晶膠　　　　　　　　　適量

[大]

A 樹脂珍珠（圓形・3mm・白色）
　　　　　　　　　　　　　　　1顆

B 單圈（0.6×3mm・金色）
　　　　　　　　　　　　　　　4個

C 造型單圈（1.2×14mm・金色）
　　　　　　　　　　　　　　　2個

D 龍蝦扣（金色）　　　　　　　1個

E 延長鍊（金色）　　　　　　　1條

F 鍊子（金色）　　　　　6cm×2條

G 熱縮片（厚0.3mm・透明）
　　　　　　　　　　　　　5×5cm

H UV水晶膠　　　　　　　　　適量

工具

平口鉗／尖嘴鉗／剪刀／美工刀／紙膠帶／色鉛筆／牙籤／UV燈／砂紙（400號）／烘焙紙／烤箱／水性漆／手套／紙鎮（厚書）／接著劑

※本篇的製作步驟為[小]彩圈。

※UV水晶膠的硬化時間以4至5分為準。

---

memo 以砂紙打磨熱縮片表面後，色鉛筆會更好上色。

LESSON ⑦ 以熱縮片將自創圖案直接變成飾品

項鍊

耳針・耳環

手鍊

戒指

髮飾

胸針

串接整體

9

D 龍蝦扣　　E 延長鍊

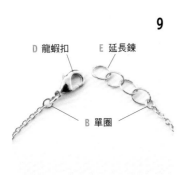

B 單圈

鍊子兩端分別以單圈串接龍蝦扣跟延長鍊。

8

B 單圈

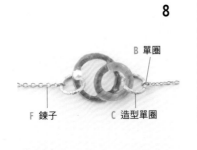

F 鍊子　　C 造型單圈

以鍊子串接7的配件、造型單圈跟單圈。

7

在熱縮片表面厚塗一層UV水晶膠，然後照燈硬化。重複本步驟直到呈現滿意的厚度為止。

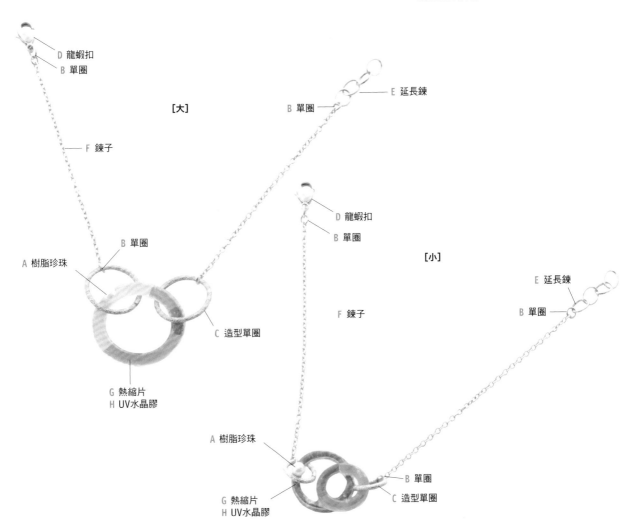

[大]

D 龍蝦扣
B 單圈

E 延長鍊

B 單圈

F 鍊子

B 單圈

A 樹脂珍珠

C 造型單圈

G 熱縮片
H UV水晶膠

D 龍蝦扣
B 單圈

[小]

F 鍊子

E 延長鍊

B 單圈

A 樹脂珍珠

B 單圈

G 熱縮片
H UV水晶膠

C 造型單圈

　memo　以UV水晶膠將表面上膠，具有美觀及增加強度等優點，但不塗也沒關係。

01 藝術風髮夾

⇨P.130

製作主體

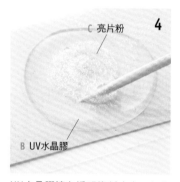

C 亮片粉
B UV水晶膠

4

UV水晶膠擠在透明資料夾上，加入亮片粉攪拌均勻。

硬化主體

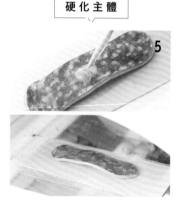

5

以牙籤把4的UV水晶膠塗抹在3的熱縮片列印面，以UV燈照燈硬化。重複本步驟直到呈現喜歡的厚度為止。

黏貼五金配件

6

以牙籤沾取接著劑，塗抹彈簧髮夾五金配件，與5的配件黏貼固定。

A 熱縮片

1

準備自己喜歡的圖案，以印表機列印在可列印熱縮片上。由於熱縮片縮小後顏色會變深，所以列印的色彩最好略淡點。以剪刀沿著圖案剪裁。

↓

2

列印面朝上放在烘焙紙上，送進烤箱加熱（600W）。

↓

3

D 髮夾五金配件

戴上手套，待熱縮片縮小4分之1時儘快取出烤箱，貼在彈簧髮夾五金配件上，沿著圓弧彎曲塑型。

完成尺寸：長1×寬6cm

材料
[藍色・粉紅色的相同材料]

A 熱縮片（厚度0.3mm・可列印）
　　　　　　　　　　　　　　5×20cm
B UV水晶膠（硬式）———— 適量
C 亮片粉（銀色）———— 適量
D 髮夾五金配件
　（8×60mm・金色）———— 1個

剪刀／透明資料夾／牙籤／
UV燈／烘焙紙／烤箱／
手套／紙鎮（厚書）／
接著劑／印表機

[藍色]

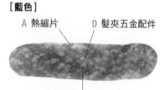

A 熱縮片　　　D 髮夾五金配件

B UV水晶膠 + C 亮片粉

[粉紅色]

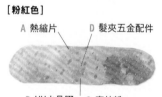

A 熱縮片　　　D 髮夾五金配件

B UV水晶膠 + C 亮片粉

POINT

什麼是
可列印熱縮片？

以一般家用印表機就能印刷的特別熱縮片。推薦給不擅長畫畫的人使用。

※UV水晶膠的硬化時間以4至5分為準。

---

03 彩色鈕釦玩心耳環

⇨P.131

硬化主體

4

以牙籤將烤好的熱縮片著色面厚塗一層UV水晶膠，再照UV燈硬化。重複本步驟直到主體呈現滿意的厚度。

↓

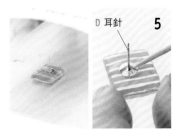

D 耳針
5

也將4的背面塗抹UV水晶膠，放上耳針的圓盤照燈硬化。UV水晶膠要儘量塗多點，埋住圓盤部分，這樣五金配件才會穩固。正面也要全面厚塗一層UV水晶膠並照燈硬化，打造自己喜歡的厚度。

串接五金配件

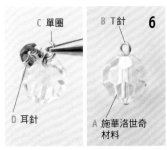

C 單圈
B T針
6
D 耳針
A 施華洛世奇材料

以T針穿接串珠，折彎針頭製成配件（⇨P.180-③）。以單圈將配件穿接在耳針上。以相同作法製作另一個耳環。
※[圓形]則是在5後插入珍珠耳扣即完成。

製作主體

1

熱縮片疊在原寸紙型（⇨P.141）上以紙膠帶固定，以筆照著紙型線條描繪。以油性筆描輪廓線，海報彩色麥克筆描繪圖案。

↓

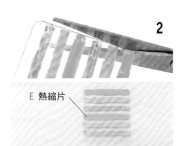

2
E 熱縮片

撕掉紙膠帶，以剪刀沿著輪廓線內側剪掉1的黑筆跡部分。剪完後著色面朝下放在烘焙紙上，放入烤箱加熱（600W）。

↓

3

請1次加熱1片熱縮片，且加熱期間不要離開視線。當熱縮片縮小3分之1時，配戴手套拿著烘焙紙的兩端取出烤箱，以偏厚的書本等重物壓住熱縮片約30秒。

完成尺寸：
方形／長2.5×寬2cm
圓形／直徑2.5cm

材料

[長方形（紫色）]

A 施華洛世奇材料
（圓形・12mm・透明）—— 2顆
B T針（0.7×20mm・金色）— 2根
C 單圈（0.7×4mm・金色）— 2個
D 耳針（附圓盤・6mm・金色）
———————————— 1副
E 熱縮片（厚度0.3mm・透明）———————— 10×10cm
F UV水晶膠（硬式）——— 適量

※製作[黃色]時，將A更換成象牙色製作。

[圓形]

A 耳針（附圓盤・6mm・金色）
———————————— 1副
B 耳扣（珍珠・白色）
———————————— 1副
C 熱縮片（厚度0.3mm・透明）———————— 10×10cm
D UV水晶膠（硬式）——— 適量

工具

平口鉗／尖嘴鉗／斜剪鉗／剪刀／紙膠帶／油性筆／海報彩色麥克筆／牙籤／UV燈／烘焙紙／烤箱／手套／紙鎮（厚書）

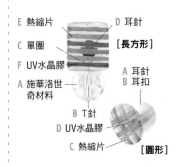

E 熱縮片　D 耳針
C 單圈　[長方形]
F UV水晶膠
A 施華洛世奇材料　A 耳針　B 耳扣
B T針
D UV水晶膠
C 熱縮片　[圓形]

※UV水晶膠的硬化時間以4至5分為準。

---

memo 若沒有UV水晶膠，改用美甲專用的頂層護甲油也可。塗抹完畢待乾就OK。

04 小花戒指

⇨P.132

完成尺寸：直徑1.4cm、3號

硬化主體

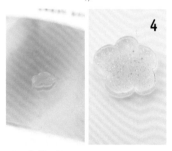

4

以牙籤將**2**烤好的配件全面厚塗一層UV水晶膠，照燈硬化。重複本步驟直到呈現滿意的厚度為止。

製作主體

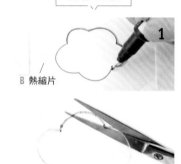

1

B 熱縮片

熱縮片疊放於原寸紙型（⇨P.141）上，並用紙膠帶固定。以油性筆照著紙型線條描繪。撕掉紙膠帶，以剪刀沿著輪廓線內側剪掉黑色筆跡部分。

↓

2

剪完後放在烘焙紙上，送入烤箱加熱（600W）。

↓

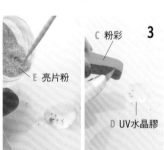

3

C 粉彩

E 亮片粉

D UV水晶膠

UV水晶膠擠在透明資料夾上，以筆刀削出粉彩粉末後攪拌上色，接著加入亮片粉，調整成喜歡的顏色。

黏貼五金配件

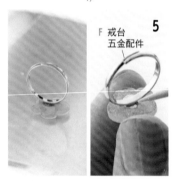

F 戒台五金配件

5

以牙籤將**4**的背面塗抹接著劑，配置戒台五金配件的圓盤部分。塗抹UV水晶膠照燈硬化也OK。

↓

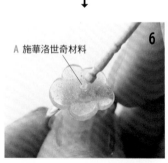

A 施華洛世奇材料

6

以牙籤於**5**的中心塗抹少量接著劑，配置施華洛世奇材料。以牙籤將材料調整到中心位置。以UV水晶膠也OK。

材料

[綠色]

A 施華洛世奇材料（#2028・SS5・白蛋白色）——— 1顆
B 熱縮片（厚度0.2mm・透明）——— 5×5cm
C 粉彩（綠色）——— 適量
D UV水晶膠（硬式）——— 適量
E 亮片粉（銀色）——— 適量
F 戒台五金配件（附圓盤・5mm・3號・金色）——— 1個

※製作**[粉紅色]**時，將A換成薄荷雲石，C更換成粉紅色。
※製作**[淡粉紅色]**時，將A換成薄荷雲石，C更換成亮粉紅色

工具

剪刀／筆刀
紙膠帶／透明資料夾
牙籤／油性筆
UV燈／烘焙紙
烤箱／手套
紙鎮（厚書）／接著劑

[綠色]

F 戒台五金配件   A 施華洛世奇材料

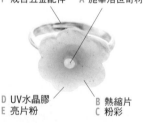

D UV水晶膠   B 熱縮片
E 亮片粉   C 粉彩

[粉紅色]

[淡粉紅色]

※UV水晶膠的硬化時間以4至5分為準。

05 條紋胸針

⇨P.133

製作主體

A 熱縮片

4

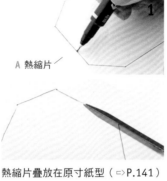

待全乾後撕下紙膠帶。

↓

5

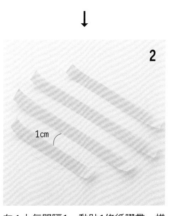

將熱縮片的上漆面朝上擺在烘焙紙上，放入烤箱加熱（600W）。烤好後，上漆部分會浮現猶如磨砂玻璃般的圖案。

黏貼五金配件

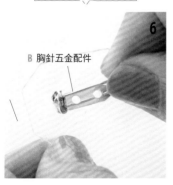

6

B 胸針五金配件

以牙籤沾取接著劑，塗抹胸針五金配件，黏貼在 5 的噴漆面背面。

1

熱縮片疊放在原寸紙型（⇨P.141）上，以紙膠帶固定。以油性筆照著紙型線條描繪。撕掉紙膠帶，以剪刀沿著輪廓線內側剪掉黑色筆跡部分。

↓

2

1cm

在 1 上每間隔1cm黏貼1條紙膠帶，描繪自己喜歡的圖樣。

↓

3

水性漆（無光澤）

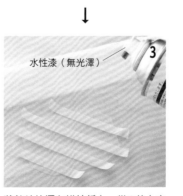

將熱縮片擺在烘焙紙上，從 2 的上方噴灑水性漆（無光澤），靜待乾燥。

完成尺寸：長2.5×寬3cm

材料

[直條紋、橫條紋的相同材料]

A 熱縮片（厚度0.2mm・透明）
————————— 10×8cm

B 胸針五金配件（20mm・金色）
————————————— 1個

工具

剪刀／紙膠帶（寬1cm）
油性筆／烘焙紙
水性漆（無光澤）
烤箱／手套
紙鎮（厚書）／接著劑／牙籤

[直條紋、橫條紋的相同材料]

A 熱縮片

B 胸針五金配件

※UV水晶膠的硬化時間以4〜5分為準。

ARRANGE

**從上方增添色彩
改造出清爽感**

在水性漆（無光澤）的噴漆面上方塗抹條紋色彩，洋溢清爽氣息的條紋即完成。

memo 若想大量製作熱縮片飾品，水性漆是必備物品。不僅會將作品締造獨特質感，還能拓展表現的範圍。

06 百合耳環

⇨P.133

製作主體

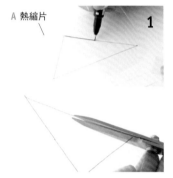

A 熱縮片

1

熱縮片疊放在原寸紙型（⇨P.141）上，以紙膠帶固定。以油性筆照著紙型線條描繪。撕掉紙膠帶，以剪刀沿著輪廓線內側剪掉黑色筆跡部分。

↓

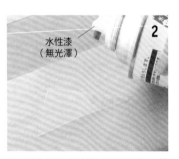

水性漆（無光澤）

2

從**1**的上方噴水性漆（無光澤），等待完全乾燥。

↓

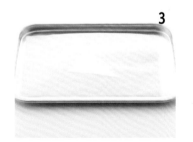

3

熱縮片的噴漆面朝上擺在烘焙紙上，放入烤箱加熱（600W）。烤好後，噴漆部分會浮現猶如磨砂玻璃般的圖案。

4

戴上手套，趁熱從烤箱中拿出熱縮片，以指尖輕捏熱縮片，讓它彎曲成喜歡的形狀。

↓

0.3cm　手工鑽

5

以手工鑽在熱縮片尖端鑽孔。鑽孔太靠近邊緣容易破掉，最好在距尖端0.3cm處鑽孔。

串接整體

E 耳針
C 單圈a
D 單圈b
B 金屬配件

6

以單圈b穿過**5**的孔，再串接金屬配件。以單圈a串接單圈b及耳針。以相同作法製作另一個耳環。

完成尺寸：成品 長4cm

材料

A 熱縮片（厚度0.2mm・透明）
　　　　　　　　　　　　　10×10cm

B 金屬配件（棒狀橫孔・22×6mm・金色）　　　　2個

C 單圈a（0.5×4mm・金色）
　　　　　　　　　　　　　　　2個

D 單圈b（0.5×4mm・金色）
　　　　　　　　　　　　　　　2個

E 耳針（耳勾式・金色）
　　　　　　　　　　　　　　　1副

工具

剪刀／手工鑽
紙膠帶
烘焙紙／油性筆
水性漆（無光澤）
烤箱／手套
紙鎮（厚書）

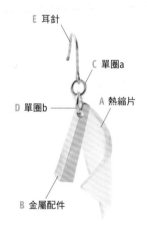

E 耳針
C 單圈a
A 熱縮片
D 單圈b
B 金屬配件

原寸紙型

[長方形]

[圓形]

03
彩色鈕釦玩心耳環
▷P.137

04
小花戒指
▷P.138

[粉紅色]　　　　[淡粉紅色]　　　　[綠色]

[大]　　　　　　　[小]

02
圓形手環
▷P.134

05
條紋胸針
▷P.139

06
百合耳環
▷P.140

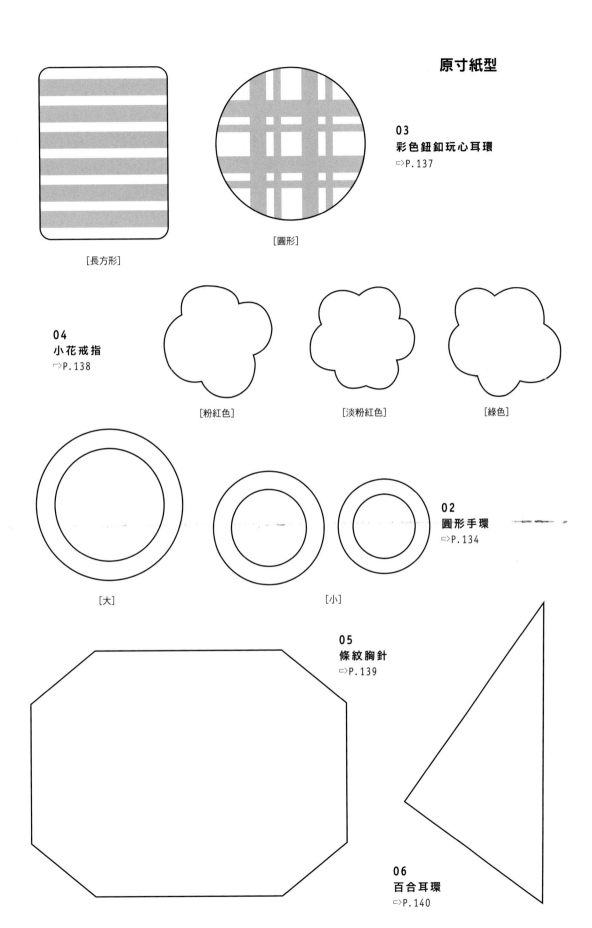

將喜愛的元素立即封存

將個人偏愛的配件，密封在圓形、三角形、四角形等專用配件之中。只要硬化UV水晶膠後即大功告成。

01　🕐 30分　硬化

花卉半球耳環

在矽膠模具內配置自己喜歡的乾燥花。
灌入UV水晶膠硬化後，
大花綻放的飾品即完成。

HOW TO MAKE　P.146

02 ⏱ 30分 硬化

三角形貝殼耳環

洋溢夏天氣息的貝殼，
採雙色搭配來締造華麗感。
沁涼的配色十分賞心悅目。

HOW TO MAKE P.147

03 ⏱ 30分 硬化

棒球少年耳環

密封於膠內的小模型，
散發獨特的世界觀。
添加亮片打造出眾流行感。

HOW TO MAKE P.148

04 ⏱ 30分 硬化

球體耳環 & 戒指套組

以彷彿煙霧瀰漫的色彩
為整體搭配增添焦點，
那股難以言喻的慵懶設計感頗具魅力。

HOW TO MAKE　P.149

05 ⏱ 30分 硬化

迷你瓷磚圓耳環

彷彿以金屬配件盛水般
洋溢柔和氛圍的耳環，
以掉落的瓷磚醞釀可愛感。

HOW TO MAKE　P.150

06 ⏱ 30分 硬化 串接

大理石寶石耳環

以手作寶石打造的耳環。
利用UV水晶膠，就能輕鬆作出
個性十足的配件。

HOW TO MAKE　P.151

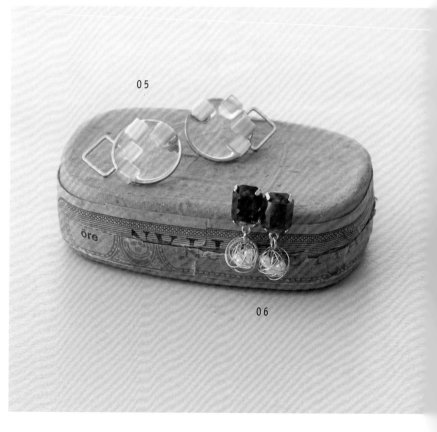

05

06

項鍊

耳針・耳環

手鍊

戒指

髮飾

胸針

07 🕐 60分 硬化 串接

繡球花耳環 &
項鍊套組

小巧纖細的花卉,
以UV水晶膠硬化後彷彿被凍結了時間。
使用細鍊即能勾勒出奢華女人味。

HOW TO MAKE P.152

08 🕐 30分 硬化 串接

搖曳的花瓣耳環

隨著動作搖曳生姿的花瓣,
是嫵媚動人設計的耳環。
挑選色彩鮮豔的花瓣就能提昇艷麗感。

HOW TO MAKE P.153

01 花卉半球耳環

⇨P.142

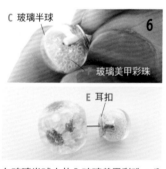

脫膜取出作品後,以筆刀削去溢出的UV水晶膠毛邊。以塗膠筆沾取UV水晶膠塗抹作品凹凸處,照燈硬化。重複本步驟直到凹凸處消失為止。

硬化配件

A 乾燥花a
G UV水晶膠
B 乾燥花b

以筆沾取UV水晶膠,全面塗抹乾燥花a、b的正面,照UV燈硬化。花瓣縫隙處也確實上膠,就不易產生氣泡。

↓

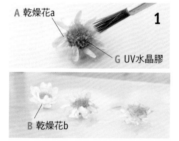

矽膠模具

UV水晶膠灌至矽膠模具的一半處,以尖頭鑷子配置1的2個乾燥花a、1個乾燥花b。以尖頭鑷子將花的正面朝外側配置,同時以牙籤消除氣泡。

↓

完成尺寸:成品1.5×1.5cm

材料

A 乾燥花a
（約1cm・藍色）————4個
B 乾燥花b
（約1cm・白色）————2個
C 玻璃半球（10mm）————2個
D 耳針
（附圓盤・3mm・金色）————1副
E 耳扣
（玻璃半球用・金色）————1副
F 玻璃美甲彩珠（藍色）————適量
G 水晶膠（硬式）————適量

工具

UV燈／矽膠模具（1.5cm・球體）／塗膠筆／牙籤／筆刀／尖頭鑷子

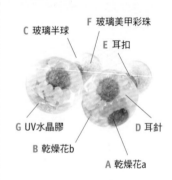

C 玻璃半球
F 玻璃美甲彩珠
E 耳扣
G UV水晶膠
D 耳針
B 乾燥花b
A 乾燥花a

※UV水晶膠的硬化時間以4至5分為準。

配置五金配件

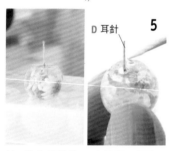

D 耳針

於4的底部塗抹UV水晶膠,配置耳針的圓盤部分後照燈硬化。照燈時將主體擺在矽膠模具上會較為穩固。

↓

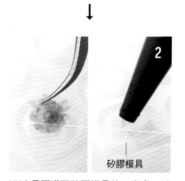

C 玻璃半球
玻璃美甲彩珠
E 耳扣

在玻璃半球中放入玻璃美甲彩珠,分量隨個人喜好,在耳扣上塗抹UV水晶膠,鑲崁入玻璃半球內照燈硬化後,與5搭配使用。以相同作法製作另一個耳環。

UV水晶膠灌滿模具後,照燈硬化。

ARRANGE

更換作品內填充的乾燥花

乾燥花的色調,若選擇明亮色調會散發元氣印象,若為基本單色調,即會轉變為成熟印象。不妨依照當天心情動手改造。

---

02 三角形貝殼耳環

⇨P.143

製作配件

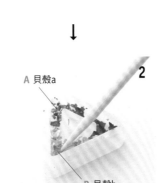
E UV水晶膠

UV水晶膠灌至矽膠模具的一半處，照燈硬化。

↓

2
A 貝殼a
B 貝殼b

以牙籤挑起少許貝殼a、b，放在 **1** 的上面。

硬化配件

3

以UV水晶膠灌滿矽膠模具，照燈硬化。

4

脫膜取出作品，以筆刀修整毛邊。

配置五金配件

5
D 耳針

在 **4** 的背面塗抹UV水晶膠，配置耳針的圓盤。多塗抹點UV水晶膠填封圓盤部分，將兩者牢固黏貼。

↓

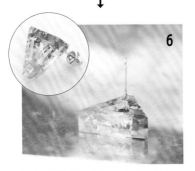
6

照射UV燈來硬化UV水晶膠。搭配耳扣使用。以相同作法製造另一個耳環。

※另一個耳環，使用貝殼a及貝殼c製作。

完成尺寸：
長1.7×寬1.5×厚度0.5cm

材料

[粉紅色]

A	貝殼a（粉紅色）————	適量
B	貝殼b（綠色）————	適量
C	貝殼C（淡粉紅色＆白色）-	適量
D	耳針 （附圓盤・3mm・金色）——	1副
E	UV水晶膠（硬式）————	適量

工具

UV燈／矽膠模具（三角形）／塗膠筆／筆刀

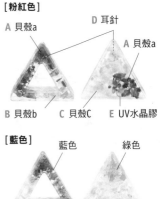

[粉紅色]
A 貝殼a   D 耳針   A 貝殼a
B 貝殼b   C 貝殼C   E UV水晶膠

[藍色]
藍色   綠色
黃色   黃色

[藍色]

[紫色]
淡粉紅色   粉紅色
藍色   黃色

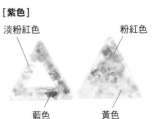

※製作 **[紫色]** 時，如圖配置淡粉紅色、藍色、粉紅色、黃色的貝殼。

※UV水晶膠的硬化時間以4至5分為準。

---

03 棒球少年耳環

硬化配件

1

A 模型

D UV水晶膠

以塗膠筆沾取UV水晶膠來塗抹模型，照燈硬化。只要間隙處也確實上膠，就不易產生氣泡。

↓

2

UV水晶膠灌至矽膠模具的3分之1處，照燈硬化。

↓

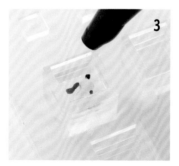

3

將 1 的模型朝下配置在 2 上（底部為配件的正面），灌UV水晶膠至模具的3分之2處，照燈硬化。

4

B 亮片

混和亮片

使用如同寶特瓶瓶蓋的物品盛裝UV水晶膠，然後混和亮片。調成自己喜歡的濃度後，倒在 3 的上面灌滿模具，照燈硬化。

↓

5

脫膜取出作品後，以筆刀消除溢出來的毛邊。

配置五金配件

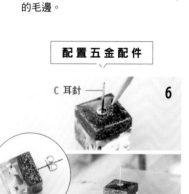

6

C 耳針

以UV水晶膠塗抹 5 的背面，黏貼耳針的圓盤部分，照燈硬化。多塗抹點UV水晶膠填封平盤部分即可。配戴時搭配耳扣使用。以相同作法製造另一個耳環。

完成尺寸：成品 直徑1.5cm

材料

A 模型
（野球少年・高10mm）───── 2個

B 亮片（藍色）───────── 適量

C 耳針
（附圓盤・3mm・金色）───── 1副

D UV水晶膠（硬式）─────── 適量

工具

UV燈／矽膠模具（正方形）／塗膠筆／牙籤／筆刀／寶特瓶瓶蓋

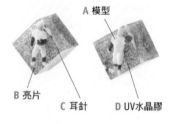

A 模型

B 亮片 C 耳針 D UV水晶膠

※UV水晶膠的硬化時間以4至5分為準。

---

memo 模型建議使用以鐵道模型為主的迷你人形模型。請在興趣商店中挑選自己喜歡的模型吧！   148

04 球體耳環＆戒指套組

⇨P.144

硬化主體

4

從 3 的上方以UV水晶膠灌滿矽膠模具，照燈硬化。

↓

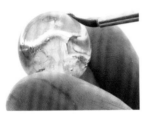

5

脫膜取出作品後，以筆刀削掉毛邊。以塗膠筆沾取UV水晶膠塗抹作品凹凸處，照燈硬化。重複本步驟直到凹凸處消失為止。

配置五金配件

C 耳針

6

以UV水晶膠塗抹 5 的背面，黏貼耳針的圓盤部分，照燈硬化。多塗抹點UV水晶膠填封平盤部分，將兩者牢固黏貼。配戴時搭配耳扣使用。以相同作法製造另一個耳環。

※製作[戒台]時，將戒台五金配件黏貼在 5 的背面。

製作主體

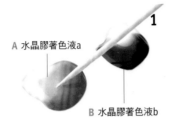

1

A 水晶膠著色液a

B 水晶膠著色液b

將UV水晶膠擠在透明資料夾上，以牙籤混合UV水晶膠著色液a、b，分別將UV水晶膠混色。

↓

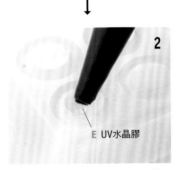

2

E UV水晶膠

將UV水晶膠灌至矽膠模具的8分滿。

↓

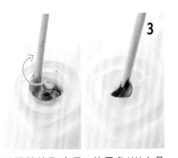

3

以牙籤沾取少量 1 的黑色UV水晶膠，加入 2 再以牙籤稍微攪拌一下。另一個粉紅色UV水晶膠也以相同手法添加，攪拌力道要輕，以免產生氣泡。

完成尺寸：成品 直徑1.5cm

材料

[耳環]

A 水晶膠著色液a（粉紅色）
———————————— 適量

B 水晶膠著色液b（黑色）
———————————— 適量

C 耳針
（附圓盤・3mm・金色）—— 1副

D 耳扣（球體・金色）
———————————— 1副

E UV水晶膠（硬式）———— 適量

[戒指]

A 水晶膠著色液a（粉紅色）— 適量

B 水晶膠著色液b（藍色）— 適量

C 戒台五金配件
（附圓盤・3mm・金色）— 1個

D UV水晶膠（硬式）———— 適量

工具

UV燈／矽膠模具（球體）
／透明資料夾／塗膠筆／牙籤／筆刀

[耳環]

C 耳針　　　　　　D 耳扣

A 水晶膠著色液a
B 水晶膠著色液b
E UV水晶膠

[戒指]

C 戒台五金配件

A 水晶膠著色液a
B 水晶膠著色液b
D UV水晶膠

※本篇的製作步驟為[耳環]。

※UV水晶膠的硬化時間以4至5分為準。

---

memo 於步驟3混合太多著色液，就無法形成美麗的大理石紋。攪拌時要謹慎＆仔細。

⇨P.144

05 迷你瓷磚圓耳環

硬化配件

B 金屬環a
E UV水晶膠

1

以紙膠帶黏貼金屬環a，擺在透明資料夾上。固定好金屬環a，於正面進行平面灌膠（灌膠至邊框的高度），照燈硬化。

↓

A 瓷磚

2

撕下**1**的紙膠帶。將**1**的正面薄塗一層UV水晶膠，配置4個瓷磚，照燈硬化。

↓

3

於圓環正面中央處進行凸面灌膠。灌膠的過程中要避免膠沾到瓷磚。

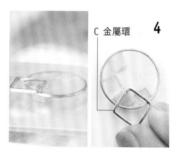

C 金屬環

4

在背面塗抹UV水晶膠，配置金屬環b，照燈硬化。

配置五金配件

D 耳針

5

在背面塗抹UV水晶膠，配置耳針的圓盤部分，照燈硬化。多塗抹點UV水晶膠填封圓盤部分，將兩者牢固黏貼起來。

↓

6

圓環背面進行凸面灌膠，照燈硬化。配戴時搭配耳扣使用。以相同作法製造另一個耳環。

完成尺寸：長2.5×寬2cm

材料

A 瓷磚（5mm·柔和粉紅色、柔和藍
　 色、灰色等個人偏好色）—— 8個

B 金屬環a
　（圓形·20mm·金色）—— 2個

C 金屬環b
　（方形·10mm·金色）—— 2個

D 耳針
　（附圓盤·3mm·金色）—— 1副

E UV水晶膠（硬式）——— 適量

工具

UV燈／透明資料夾
牙籤／紙膠帶

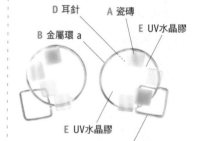

D 耳針　　A 瓷磚
B 金屬環a　　E UV水晶膠
E UV水晶膠
C 金屬環b

※UV水晶膠的硬化時間以4至5分為準。

---

06 大理石寶石耳環

⇨P.144

F 耳針 4

在底座背面塗抹UV水晶膠，配置耳針的圓盤部分，照燈硬化。多塗抹點UV水晶膠填封圓盤部分，將兩者牢固黏貼。

↓

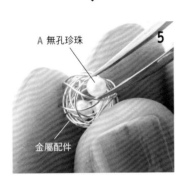

A 無孔珍珠 5

金屬配件

以尖頭鑷子從金屬配件的鐵絲間隙塞入無孔珍珠。合計塞入4顆。

串接五金配件

E 單圈 6

以單圈穿接5的金屬配件的鐵絲部分，再串接4的底座圈。配戴時搭配耳扣使用。以相同作法製作另一個耳環。

硬化配件

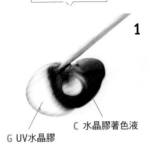

1

G UV水晶膠 | **C 水晶膠著色液**

將UV水晶膠擠在透明資料夾上，添加UV水晶膠著色液將膠混色。混合太多著色液會很難硬化，因此請一邊觀察狀況一邊混合。

↓

2

UV水晶膠灌滿矽膠模具，照燈硬化。

↓

3

D 底座

脫膜取出作品，以筆刀削除毛邊。將作品鑲嵌於底座，以平口鉗壓夾爪扣固定（⇨P.186-**15**）。

完成尺寸：長2.5cm

材料

A 無孔珍珠
（圓形・3mm・白色）——— 8顆
B 金屬配件
（鐵絲球・2cm・金色）
——————————— 2個
C 水晶膠著色液（黑色）—— 適量
D 底座（長方形帶圈・
　9×12mm・金色）——— 2個
E 單圈（0.7×3mm・金色）
——————————— 2個
F 耳針
（附圓盤・3mm・金色）—— 1副
G UV水晶膠（硬式）——— 適量

工具

UV燈／矽膠模具（長方形寶石）／牙籤／透明資料夾／平口鉗／尖頭鑷子／筆刀

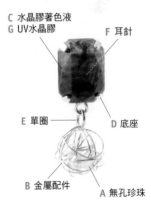

C 水晶膠著色液
G UV水晶膠 | **F 耳針**

E 單圈 | **D 底座**

B 金屬配件 | **A 無孔珍珠**

※UV水晶膠的硬化時間以4至5分為準。

memo 鐵絲球可以前往串珠專賣店購買。請挑選喜歡的密度及大小。

07　繡球花耳環 & 項鍊套組

⇨P.145

4

在背面塗抹UV水晶膠，照燈硬化。
以UV水晶膠填滿金屬配件及乾燥花
的間隙，將兩者牢固黏接起來。

串接配件

5

D 三角圈

E 穿線耳環

以三角圈串接金屬配件及穿線耳環
（⇨P.180-②）。以相同作法製作
另一個耳環。

項鍊

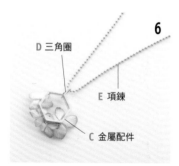

6

D 三角圈

E 項鍊

C 金屬配件

參考耳環的作法，配置4個乾燥花製
作墜飾配件。以三角圈串接金屬配件
與項鍊。

耳環

硬化配件

1

B 乾燥花b
A 乾燥花a
F UV水晶膠

以塗膠筆將乾燥花a、b整體薄塗一
層UV水晶膠，照燈硬化。正反兩面
要分次上膠照燈硬化。

↓

2

C 金屬配件

以牙籤沾取UV水晶膠，塗抹金屬配
件，配置1個1的乾燥花a，照燈硬
化。

↓

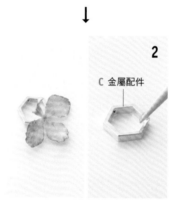

3

同樣將乾燥花b配置於2內，照燈硬
化。

完成尺寸：耳環長5cm
項鍊脖圍45cm

材料

[耳環]

A	乾燥花a（繡球花・紫色）	2顆
B	乾燥花b（繡球花・藍色）	2顆
C	金屬配件（六角形・10mm・金色）	2個
D	三角圈（0.6×5mm・金色）	2個
E	穿線耳環（3cm・金色）	1副
F	UV水晶膠（軟式）	適量

[項鍊]

A	乾燥花a（繡球花・紫色）	1顆
B	乾燥花b（繡球花・藍色）	3顆
C	金屬配件（六角形・15mm・金色）	1個
D	三角圈（0.8×8mm・金色）	1個
E	項鍊（45cm・金色）	1條
F	UV水晶膠（軟式）	適量

工具

UV燈／筆／牙籤
透明資料夾／平口鉗／
尖嘴鉗

※UV水晶膠的硬化時間以4至5分為準。

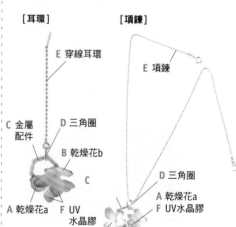

[耳環]

E 穿線耳環
C 金屬配件
D 三角圈
B 乾燥花b
C
A 乾燥花a　F UV水晶膠

[項鍊]

E 項鍊
D 三角圈
A 乾燥花a
F UV水晶膠
B

08 搖曳的花瓣耳環

⇨P.145

項鍊

耳針・耳環

手鍊

戒指

髮飾

胸針

硬化配件

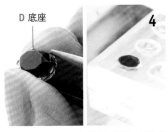

D 底座

4

以 **3** 的上色UV水晶膠灌滿矽膠模具，照燈硬化。脫膜取出作品，以筆刀修整掉毛邊。鑲嵌入底座內，以平口鉗壓夾爪扣固定（⇨P.186-15）。

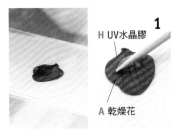

H UV水晶膠

1

A 乾燥花

以剪刀剪下乾燥花花瓣，雙耳共準備3片花瓣。以牙籤在花瓣上薄塗一層UV水晶膠（軟式），照燈硬化。正反兩面都要分別上膠照燈硬化。

↓

串接五金配件

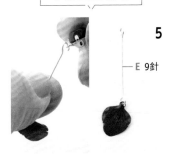

5

— E 9針

以尖嘴鉗折彎9針的針頭（⇨P.180-3），串接 **2** 的配件。打開另一端折彎的圈，串接 **4** 的底座圈。

↓

B 金屬配件

2

H UV水晶膠

於背面塗抹UV水晶膠（軟式），黏貼金屬配件後，照燈硬化。

↓

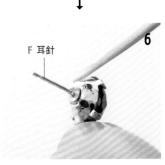

F 耳針

6

底座背面塗抹UV水晶膠，黏接耳針的圓盤部分後照燈硬化。多塗抹點UV水晶膠填封平盤部分，將兩者牢固黏貼起來。配戴時搭配耳扣使用。以相同作法製作另一個耳環。
※另一個耳環，**5** 的配件要製作2個。

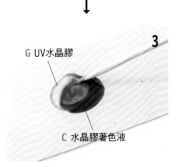

G UV水晶膠

3

C 水晶膠著色液

將UV水晶膠（硬式）擠在透明資料夾上，添加UV水晶膠著色液混合上色。混合太多著色液會很難硬化，因此要一邊觀察狀況一邊混合。

完成尺寸：成品 長5.2cm

材料

A 乾燥花
（繡球花・紅色）———— 1個
B 金屬配件
（圓形底托帶圈・4mm・金色）
———— 3個
C 水晶膠著色液（藍色）—— 適量
D 底座（帶橢圓形・
7×9mm・金色）—— 2個
E 9針（0.7×35mm・金色）—— 3根
F 耳針
（附圓盤・3mm・金色）—— 1副
G UV水晶膠（硬式）———— 適量
H UV水晶膠（軟式）———— 適量

工具

UV燈／矽膠模具（橢圓形寶石）／牙籤／透明資料夾／平口鉗／尖嘴鉗／剪刀／筆刀

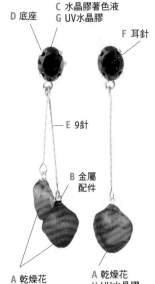

D 底座

C 水晶膠著色液
G UV水晶膠

F 耳針

— E 9針

B 金屬配件

A 乾燥花
H UV水晶膠

A 乾燥花
H UV水晶膠

※UV水晶膠的硬化時間以4至5分為準。

memo 為避免以UV水晶膠硬化後的乾燥花發生退色等情況，要儘量遠離陽光及熱源保存。

自由塑型の
黏土飾品

黏土飾品具有各式各樣的
種類及豐富的質感。
試著動手作出自己喜歡的作品吧！

01 ⏱ 100分 加熱 黏貼

小鳥胸針

乘風而來的小鳥，
素雅色調瀰漫成熟韻味。
以金色壓克力顏料加以點綴。

HOW TO MAKE P.158

02 🕐 100分 [加熱] [串接]

櫻花色耳環

輕盈淡雅的春天，
為臉龐渲染幾分櫻花色彩。
是猶如彙集了小花瓣的耳環。

HOW TO MAKE **P.159**

---

03 🕐 100分 [加熱] [串接] [黏貼]

小白花耳環

清新的白花耳環，
以葉子點綴耳扣。

HOW TO MAKE **P.160**

04 🕐 100分 [加熱] [黏貼]

紅花髮束

頗具視覺衝擊性的紅花，
精心製作的花瓣為設計重點。

HOW TO MAKE **P.162**

04

03

<u>**05**</u> 🕐 120分 加熱 黏貼

馬賽克髮夾

於隱約可見的馬賽克圖案，
添加施華洛世奇材料勾勒豪華感。
以輕快的柔和色調構成視覺焦點，
為頭髮點綴出柔美氣息。

HOW TO MAKE　P.163-165

06 ⏱ 60分 硬化

施華洛世奇胸針

閃閃發光卻有股說不出的高雅感，
是因為採用了小顆珍珠的緣故。
流露出平行排列的美感。

HOW TO MAKE P.168

07 ⏱ 60分 硬化

北歐風三角髮束

以黃色正三角形，
成為髮束的單一重點。

HOW TO MAKE P.166

08 ⏱ 60分 硬化

三角條紋小胸針

以海軍藍的條紋，
將可愛的三角形營造清爽感。

HOW TO MAKE P.167

07

08

01 小鳥胸針

⇨P.154

加熱主體

B 施華洛世奇材料
D 液態軟陶

以牙籤劃出羽毛等紋路，在眼睛的位置滴液態軟陶後，配置上施華洛世奇材料，以牙籤頭筆直下壓。連同瓷磚一起送入烤箱烤20分。

↓

E 壓克力顏料

待完全冷卻後，以牙籤沾取壓克力顏料，沿著4描繪的紋路上色。

黏貼五金配件

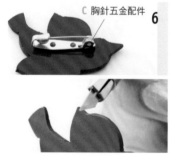

C 胸針五金配件

以牙籤沾取接著劑，塗抹胸針五金配件的背面，將5黏貼上去。以筆刀削除作品的毛邊。

製作主體

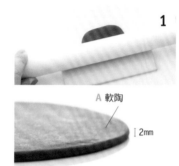

A 軟陶

2mm

充分揉捏軟陶後，放在瓷磚上以黏土桿棒將軟陶擀平成2mm厚。

↓

列印好紙型剪下來後，擺在1上。以筆刀沿著紙型切割軟陶。多餘的軟陶則以刀片等挑除。

↓

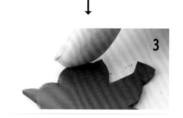

切割完畢後，以指腹輕輕撫平凸角，使輪廓平順。

完成尺寸：寬4.6×長3.3cm

材料

[波爾多色]

A 軟陶（FIMO PROFESSIONAL・
　波爾多・23）——— 5g
B 施華洛世奇材料（#2028・SS6・
　Lt.科羅拉多黃玉）——— 1顆
C 胸針五金配件
　（25mm・金色）——— 1個
D 液態軟陶 ——— 適量
E 壓克力顏料（金色）——— 適量

※製作**[白色]**時，將A更換成軟陶
　（FIMO EFFECT・大理石紋路／
　003(※2017年以後為絕版色))、製
　作**[藍色]**時則A更換成軟陶（FIMO
　PROFESSIONAL・水手藍色／34）

工具

剪刀／瓷磚（若沒有，耐熱盤亦可）
黏土桿棒／筆刀
刀片／牙籤／接著劑
烤箱

[波爾多色]

A 軟陶
E 壓克力顏料
B 施華洛世奇材料
D 液態軟陶
C 胸針五金配件

[白色] **[藍色]**

原寸紙型

※軟陶是一種樹脂黏土。關於處理方式
　及加熱時間，請依照該商品的使用說
　明書。

02　櫻花色耳環

⇨P.155

項鍊

耳針・耳環

手鍊

戒指

髮飾

胸針

加熱主體

4

連同瓷磚送入烤箱，以110℃加熱20分。

↓

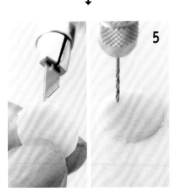

5

待完全冷卻後，以手工鑽將16片圓形配件的邊緣鑽孔，如果有毛邊就用筆刀削除。

串接配件

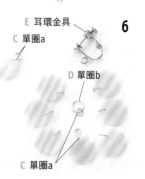

6

E 耳環金具
C 單圈a
D 單圈b
C 單圈a

以單圈a串接5的鑽孔。串接好8片後，再以單圈b串接，最後串接在耳夾上。以相同作法製作另一個耳環。

製作主體

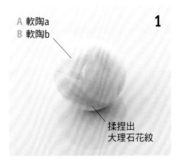

A 軟陶a
B 軟陶b

1

揉捏出
大理石花紋

將軟陶a分成兩半，一半加入軟陶b充分揉捏，另一半直接充分揉捏。最後將揉捏好的2塊黏土合成一塊，輕輕揉捏出大理石花紋。

↓

2

：1mm

放在瓷磚上，以黏土桿棒擀平成1mm厚。

↓

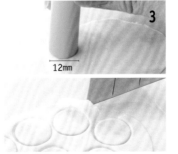

3

12mm

利用筆蓋等物壓出直徑12mm的圓。合計製作16片（雙耳份）。不要直接拿起圓形配件，多餘的軟陶以刀片等物割除即可。

完成尺寸：成品長1.4cm

材料

A 軟陶a
（FIMO EFFECT・
半透明白／014） ——— 8g
B 軟陶b
（FIMO EFFECT・
半透明紅／204） ——— 0.2g
C 單圈a
（0.7×4mm・金色）——— 22個
D 單圈b
（1.2×7mm・金色）——— 2個
E 耳環金具
（螺旋耳夾帶圈・金色）——— 1個

工具

平口鉗／尖嘴鉗／
瓷磚（若沒有，耐熱盤亦可）／
黏土桿棒／刀片／
手工鑽筆蓋（直徑12mm）／
烤箱／筆刀

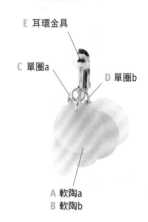

E 耳環金具
C 單圈a
D 單圈b
A 軟陶a
B 軟陶b

※軟陶是一種樹脂黏土。關於處理方式及加熱時間，請依照該商品的使用說明書。

---

memo 為了製作出漂亮的大理石花紋，軟陶於步驟1時就要避免揉捏過度。

03 小白花耳環

⇨P.155

製作主體

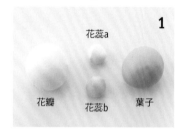

充分揉捏軟陶製作出不同顏色。花瓣使用白色4g及香檳色1.5g混合製作。花蕊a使用白色1g及葉綠色1.6g混合製作。花蕊b使用香檳色0.5g及純黃色0.1g混合製作。葉子使用白色0.5g及葉綠色0.1g混合製作。

↓

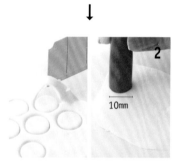

10mm

將花瓣軟陶放在瓷磚上，以黏土桿棒擀平成1mm厚，利用像筆蓋等物壓出直徑10mm的圓。總計製作6片（雙耳份）。不要直接拿起圓形配件，多餘的軟陶以刀片等切除即可。

↓

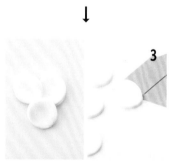

3

以刀片從瓷磚上鏟起2的配件，將3片花瓣的3mm處交疊成小花。

完成尺寸：長1.6×1.8cm

材料

A 軟陶a
（FIMO PROFESSIONAL・白色／0）——— 5.5g
B 軟陶b
（FIMO PROFESSIONAL・香檳色／02）——— 2g
C 軟陶c
（FIMO PROFESSIONAL・純黃色／100）——— 0.1g
D 軟陶d
（FIMO PROFESSIONAL・葉綠色／57）——— 1.7g
E 單圈（0.5×3.5mm・金色）– 4個
F 耳針（立芯・金色）——— 1副
G 液態軟陶 ——— 適量

工具

平口鉗／尖嘴鉗／
瓷磚（若沒有，耐熱盤亦可）／
黏土桿棒／
細工棒或是玻璃彈珠大小的球／
雕刻刀／刀片／牙籤／
手工鑽筆蓋（直徑10mm）／
接著劑／烤箱／剪刀／筆刀

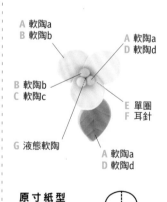

A 軟陶a
B 軟陶b
A 軟陶a
D 軟陶d
B 軟陶b
C 軟陶c
E 單圈
F 耳針
G 液態軟陶
A 軟陶a
D 軟陶d

原寸紙型

※軟陶是一種樹脂黏土。關於處理方式及加熱時間，請依照該商品的使用說明書。

4

將3的花拿在手中，以細工棒壓向中心製作凹陷處。

↓

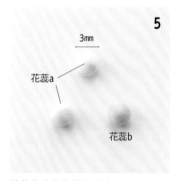

3mm

花蕊a

花蕊b

將花蕊的軟陶搓圓成直徑3mm的球。製作4個花蕊a及2個花蕊b（雙耳份）。

↓

6

G 液態軟陶

在4製作的花瓣凹陷處灌入液態軟陶，將5的花蕊球如圖配置。

黏貼五金配件

13

F 耳針

以牙籤沾取接著劑塗抹耳針。立芯要確實塗抹。

↓

14

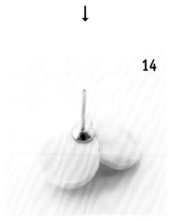

將耳針的立芯插入 **11** 的軟陶花鑽孔內，進行黏合。

↓

15

與 **12** 的耳扣搭配使用。以相同作法製作另一個耳環。

加熱主體

10

依相同作法製作雙耳份的主體（圖中為單耳份）。連同瓷磚一起放入烤箱以110℃加熱20分。

組合完成

11

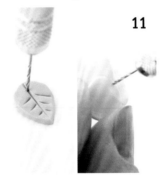

待軟陶完全冷卻後，以手工鑽在白花背面及葉子上部鑽孔。

串接五金配件

12

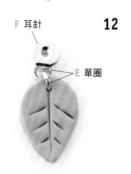

F 耳針

E 單圈

以單圈串接葉子及耳針的耳扣。

7

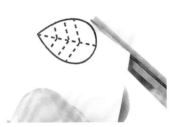

複印並剪下紙型。

↓

8

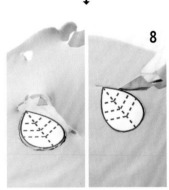

將葉子軟陶擺在瓷磚上，以黏土桿棒擀平成1mm厚。放上紙型，以筆刀沿著紙型切割。多餘的軟陶以刀片等物切除即可。

↓

9

拿掉紙型，以雕刻刀劃出葉脈。

04 紅花髮束

⇨P.155

製作主體

4

以細工棒壓向 **3** 花的中心製作凹陷處。塗上液態軟陶,如圖配置 **1** 的花蕊。

1

A 軟陶a

製作花蕊。將軟陶a充分揉捏搓圓厚,製作6顆直徑3mm的球及1顆直徑7mm的球。

3mm　　7mm

↓

B 軟陶b

2

加熱主體

5

以指尖稍微挑起花瓣邊緣,連同瓷磚送入烤箱以110℃加熱20分。

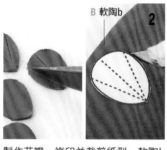

製作花瓣。複印並裁剪紙型。軟陶b仔細揉捏搓圓厚,放在瓷磚上以黏土桿棒擀平成1mm厚,以筆刀沿著紙型切割。以刀片等物切除多餘的軟陶。拿掉紙型,以雕刻刀劃出花瓣的紋路。

↓

3

配置五金配件

6

C 髮束五金配件

待完全冷卻後,以牙籤沾取接著劑,塗抹髮束五金配件,黏貼在花瓣背面。

D 液態軟陶

以刀片從瓷磚上鏟起 **2** 的配件,將3片花瓣如圖重疊配置。先於中心處滴上液態軟陶,再交疊配置上3片花瓣。

完成尺寸:成品直徑4cm

材料

A 軟陶a（FIMO EFFECT・珍珠黑／907）───── 1g

B 軟陶b（FIMO PROFESSIONAL・胭脂紅／29）───── 8g

C 髮束五金配件（附圓盤・12mm・金色）───── 1個

D 液態軟陶 ───── 適量

工具

瓷磚（若沒有,耐熱盤亦可）／黏土桿棒／細工棒或是玻璃彈珠大小的球／雕刻刀／刀片／牙籤／接著劑／烤箱／筆刀

A 軟陶a

D 液態軟陶　　　　C 髮束五金配件

B 軟陶b

原寸紙型

※軟陶是一種樹脂黏土。關於處理方式及加熱時間,請依照該商品的使用說明書。

05 馬賽克髮夾

⇨P.156

製作配件

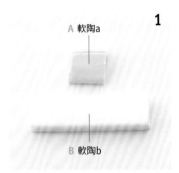

1

A 軟陶a

B 軟陶b

製作底座。將軟陶a及b混合並充分揉捏。

↓

4

D 軟陶d

C 軟陶c

分別充分揉捏軟陶c及d後，放在瓷磚上，以黏土桿棒擀平為0.8mm。

↓

2

A 軟陶a
B 軟陶b

將1擺在瓷磚上，以黏土桿棒擀平。

↓

5

5mm

5mm

以筆刀將4切割成5mm的正方形

↓

3

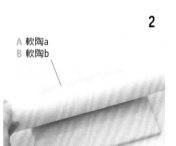

3mm

將軟陶桿成3mm厚的長方形。

↓

6

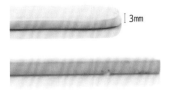

以刀片等物挑起正方形後，自由配置在3的底座上，製作馬賽克花紋。

完成尺寸：
成品 長1.5×寬7cm

材料

[綠]

A 軟陶a（FIMO EFFECT・
翡翠綠色／506）————— 3g

B 軟陶b（FIMO EFFECT・
黃色水晶／106）————— 8g

C 軟陶c（FIMO EFFECT・
黃色水晶／106）————— 0.8g

D 軟陶d（FIMO EFFECT・
白色亮片／052）————— 0.8g

E 施華洛世奇材料a（#2028・
SS4・透明）————— 1個

F 施華洛世奇材料b（#2028・
SS6・Lt.科羅拉多黃玉）————— 1個

G 彈簧髮夾五金配件
（60×7.5mm・銀色）————— 1個

H 液態軟陶 ————————— 適量

I 壓克力顏料（金色）————— 適量

※製作[粉紅色]時，請將A更換成軟陶a（FIMO EFFECT・半透明白／014）8g、B更換成軟陶b（FIMO EFFECT・半透明紅／204）0.2g。

工具

瓷磚（若沒有，耐熱盤亦可）／黏土桿棒／雕刻刀／刀片／牙籤／烘焙紙／接著劑／烤箱／剪刀

※軟陶是一種樹脂黏土。關於處理方式及加熱時間，請依照該商品的使用說明書。

← 接續P.164

13

以剪刀剪去0.5cm的牙籤尖端。

10

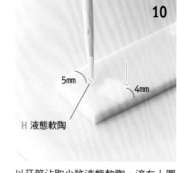

5mm　　4mm

H 液態軟陶

以牙籤沾取少許液態軟陶,滴在上圖的位置。

7

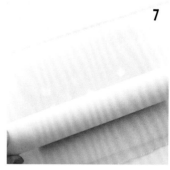

在 **6** 上面鋪上烘焙紙後,以黏土桿棒輕輕壓平,形成馬賽克花紋。

↓

14

以 **13** 的牙籤輕搓軟陶,描繪出點點圖案及紋路。

11

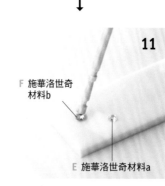

F 施華洛世奇材料b

E 施華洛世奇材料a

在 **10** 的部份配置施華洛世奇材料a及b,以牙籤頭筆直壓入軟陶內。

8

上圖為壓好的馬賽克花紋。

↓

15

G 彈簧髮夾五金配件

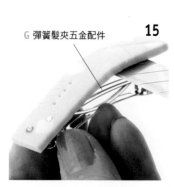

以刀片等物從瓷磚上鏟起軟陶,沿著彈簧髮夾五金配件配置。

12

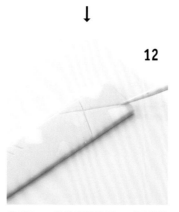

參考P.163的整體構造圖,以牙籤將 **11** 劃出2條紋路。

9

1.5cm

7cm

以刀片等物將軟陶切割為長1.5cm、寬7cm的長方形。將多餘軟陶割除掉。

項鍊

耳針‧耳環

手鍊

戒指

髮飾

胸針

19

將髮夾五金配件黏貼在軟陶背面。

18

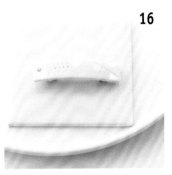

先從五金配件取下軟陶，以牙籤沾取接著劑塗抹彈簧五金配件。

16

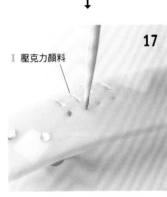

將軟陶連同瓷磚、五金配件一起送入烤箱，以110℃烤20分。

↓

17

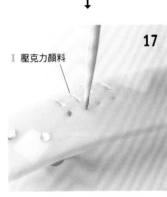

I 壓克力顏料

待完全冷卻後，以牙籤沾取壓克力顏料，將 **12**、**14** 劃出的紋路及圓點上色。

[綠色]

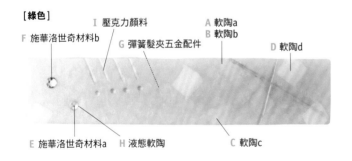

F 施華洛世奇材料b
I 壓克力顏料
G 彈簧髮夾五金配件
A 軟陶a
B 軟陶b
D 軟陶d
E 施華洛世奇材料a
H 液態軟陶
C 軟陶c

[粉紅色]

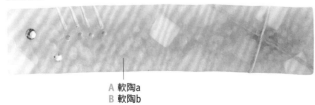

A 軟陶a
B 軟陶b

memo 步驟**15**至**16**將軟陶放在五金配件上加熱，是為了讓軟陶符合配件的形狀。本階段不需要使用接著劑。

07 北歐風三角髮束

⇨P.157

製作主體

4

D 壓克力顏料

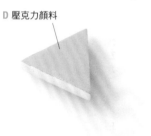

等石塑黏土表面乾燥，以砂紙將表面打磨乾淨。以壓克力顏料將三角形的正面上色。

↓

5

待壓克力顏料完全乾燥後，將主體全面塗漆。未塗壓克力顏料的部分也要塗漆。靜置1至2天等待黏土完全乾燥。

1

A 石塑黏土

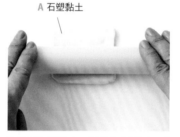

取適量石塑黏土，以手充分捏揉。以黏土桿棒擀平成5mm厚。

↓

2

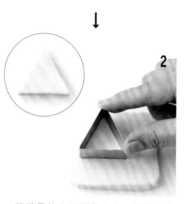

將模具放在石塑黏土上，壓出三角形。即使本階段壓出的側邊形狀不好看也沒關係。

完成尺寸：成品3.5×3cm

材料

A	石塑黏土 ———————	適量
B	單圈	
	（1.2×7mm・金色）———	2個
C	髮束五金配件 ———————	1個
D	壓克力顏料（黃色）———	適量

工具

平口鉗／尖嘴鉗／黏土桿棒／
壓模（正三角形・單邊3.5cm）／
砂紙／筆／保護劑

C 髮束五金配件

B 單圈

A 石塑黏土
C 壓克力顏料

※P.157標註的製作時間，不含黏土乾燥時間。

串接五金配件

C 髮束五金配件 **6**

B 單圈

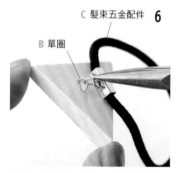

3插入的單圈，以另一個單圈串接在髮束五金配件上。

硬化主體

3

B 單圈

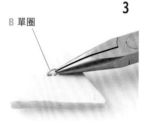

趁石塑黏土未乾前，以平口鉗將單圈的一半壓入2的中央處。靜置半天等待表面乾燥。

ARRANGE

**變換造型及五金配件
就能打造出截然不同的飾品**

改變造型尺寸及五金配件，即能搖身一變成為另一款飾品。只要事先作好成品，就能打造五花八門的飾品。

---

memo　為了不讓待乾的石塑黏土沾到灰塵，可將之放入塑膠容器內，稍微打開瓶蓋進行相關防塵措施。

08 三角條紋小胸針

⇨P.157

項鍊

耳針・耳環

手鍊

戒指

髮飾

胸針

硬化主體

1

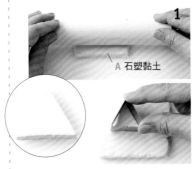

A 石塑黏土

取適量石塑黏土，以手充分捏揉。以黏土桿棒擀平為5mm厚。將模具放在石塑黏土上，壓出三角形。即使本階段壓出的側邊形狀不好看也沒關係。

↓

2

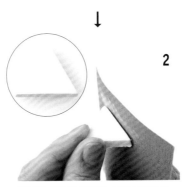

靜置半天等待石塑黏土表面乾燥後，以砂紙打磨表面。

黏貼五金配件

3

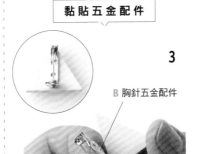

B 胸針五金配件

以牙籤沾取接著劑塗抹胸針五金配件，直貼於主體上。

4

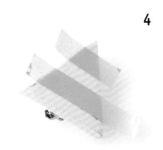

將紙膠帶剪裁成喜歡的寬度後，平行橫貼在主體上。

↓

5

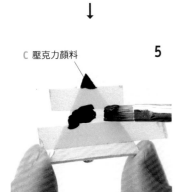

C 壓克力顏料

從4上塗抹壓克力顏料。

↓

6

待壓克力顏料完全乾燥後，將主體全面塗漆。未塗壓克力顏料的部分也要塗抹保護劑。靜置1至2天等待黏土完全硬化。

完成尺寸：2.5×2.5cm

材料

A 石塑黏土 ———————— 適量
B 胸針五金配件 ————— 1個
C 壓克力顏料（海軍藍色）— 適量

工具

平口鉗／尖嘴鉗／黏土桿棒／
壓模（正三角形，單邊2.5cm）／
砂紙／接著劑／
紙膠帶／筆／保護劑

A 石塑黏土
C 壓克力顏料

B 胸針五金配件

※P.157標註的製作時間，不含黏土乾燥時間。

ARRANGE

變換顏料色彩及圖案進行改造

將三角形隨興變換條紋或圓點等圖案，或是採用雙色設計。一次配戴2個小三角形胸針也很可愛。

⇨P.157

製作底座

4

D 施華洛世奇材料c

使用黏鑽筆配置施華洛世奇材料。以黏鑽筆輕壓在黏土內，鑲嵌時儘量保持黏土表面平坦。

↓

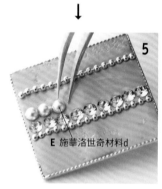

5

E 施華洛世奇材料d

以尖頭鑷子配置施華洛世奇材料e，將一半鑲嵌於黏土內。

硬化黏土

6

參考整體構造圖，以相同手法為整體鑲嵌配件。在黏土硬化前，以打孔錐調整串珠列。以酒精濕紙巾拭去沾附在表面的多餘黏土，靜置完全硬化。

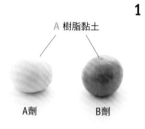

1

A 樹脂黏土

A劑　　B劑

配戴橡膠手套後，以手將製作底座的樹脂黏土A劑及B劑充分揉捏均勻。

↓

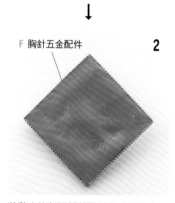

2

F 胸針五金配件

將黏土均勻平鋪於胸針五金配件內。

鑲嵌配件

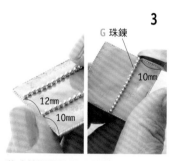

3

G 珠鍊

10mm

12mm

10mm

將珠鍊配置於距五金配件邊緣10mm處，以斜剪鉗剪去多餘部分。以相同作法將另一條珠鍊配置於第1條珠鍊旁邊12mm處。

完成尺寸：成品3cm

材料
[藍色]

A 樹脂黏土（亮藍寶石）
　　　　　　　A 1.8g・B 1.8g
B 施華洛世奇材料a
　（#1028・PP18・透明）── 24顆
C 施華洛世奇材料b（#1028・
　PP18・Lt.藍寶石）──── 33顆
D 施華洛世奇材料c（#1028・
　PP24・Lt.藍寶石）──── 18顆
E 施華洛世奇材料d（#5810・
　3mm・Lt.藍寶石）──── 20顆
F 胸針五金配件
　（30mm・方形・銀色）── 1個
G 珠鍊（1.5mm・銀色）– 6cm×1條

※製作**[灰色]**時，請將A更換成淡粉
　紅色、C更換成藍寶石、E更換成
　亮灰色。

工具
斜剪鉗／橡膠手套／酒精濕紙巾／
黏 筆／手工鑽／打孔錐／
酒精濕紙巾

[藍色]

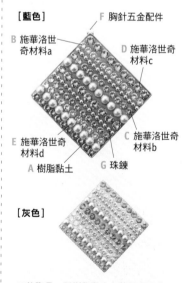

F 胸針五金配件
B 施華洛世奇材料a
D 施華洛世奇材料c
E 施華洛世奇材料d
C 施華洛世奇材料b
A 樹脂黏土
G 珠鍊

[灰色]

※軟陶是一種樹脂黏土。關於處理方
　式及加熱時間，請依照該商品的使
　用說明書。

---

memo 樹脂黏土（Ferido glue）是可以黏接像水鑽等配件的黏土狀素材。完成後會呈現彷彿塑膠般的質感，同時也具有強韌度。

10

BASIC ✂ GUIDE

基本工具・材料・技法

在此將介紹製作飾品前必知的基礎知識、事先需要準備的工具&材料，
及飾品加工的基本技法。

製作飾品的
10種基本手法

本書運用到的技巧，大致區分為以下10種手法。
只要學會作業的基本過程，任何飾品都能應對自如，
所以現在就來好好練習吧！

黏貼

為素材塗抹接著劑，黏貼在
配件或是別的素材上。是適
合初學者也是最簡單的技
巧。

穿接

使用蠶絲線、鐵絲及線穿接
雙孔珠等材料。

串接

以單圈或C圈串接不同的配
件製作。熟練掌握平口鉗及
尖嘴鉗的操作方式為重點所
在。

縫接

使用針線的技法。一般應用
於以緞帶及布料製作的飾品
上。

編織 蠶絲線・鐵絲等

以蠶絲線及鐵絲等穿接串
珠，固定於蜂巢底座上。

編織 線繩・緞帶等

將複數繩子及緞帶交叉編織
的技法。有時也會纏繞像是
串珠等材料。

加熱

應用於以黏土製作的作品。
利用烤箱加熱硬化作品主
體。

硬化

灌膠後照射UV燈，即能
固定配件、素材及串珠的
位置。

繩結

複數的線繩交叉編織的技
巧。運用各種不同類型的打
結法，可改變成品的呈現方
式。

纏繞

使用尖嘴鉗等工具以鐵絲纏
繞配件。充分利用尖嘴鉗的
圓嘴，即能讓鐵絲順利產生
弧度。

事前要備齊的基本工具

飾品加工的必備用具如下。
想將飾品作得漂亮，首要之務就是備齊用具。

平口鉗

適用在單圈及C圈等連接圈的開合，關閉夾線頭及壓扁擋珠。雖然開合連接圈需要2個平口鉗，但其中1個可以尖嘴鉗代用。

尖端像這樣！

尖端為平口狀，適合壓夾五金飾品。

使用時機

主要作為開合連接圈類等用途。

尖嘴鉗

彎曲9針與T針等針類的用具。是飾品製作不可或缺的用品，所以必須準備1把。也可來開合單圈跟C圈。

尖端像這樣！

尖端呈現細圓狀，適合處理精密作業。

使用時機

主要用途為彎曲針類。

斜剪鉗

用來剪斷剪刀剪不斷的物品。像是剪斷針類，也可輕鬆剪斷鍊子。

尖端像這樣！

附有粗刀刃，以彈簧的力量來剪斷五金配件。

使用時機

用來剪斷像是藝術銅線、線繩等材料。

打孔錐

進行細部作業的便利工具。亦可用來製作繩結，或是挑出串珠內的塵埃等。

尖端像這樣！

尖端為細尖狀，可用來加大串珠孔徑。

使用時機

作為加大鍊圈孔徑等用途。

串珠專用接著劑　　萬用接著劑

剪刀・美工刀

用來裁剪像是蠶絲線、繡線或紙型等。像蠶絲線及線繩可以使用小剪刀，製作紙型時就使用大剪刀，以美工刀也可。

可以牙籤頭尾末端沾取接著劑，將接著劑均勻抹開，以便黏貼配件及五金配件。

接 著 劑

用來固定配件。由於種類繁多，請依用途挑選。串珠專用接著劑的細長尖端，對於灌膠至配件內部相當方便。萬用接著劑由於快乾，用來固定作業過程的配件，就不容易移位。

尺

用來測量鍊子長度或是布料大小等。用捲尺代用亦可。

尖 頭 鑷 子

處理精密作業的便利用具。可以把串珠放在玻璃圓球內，或是進行水鑽的鑲嵌作業等。

串 珠 針

串線縫接串珠。略長於一般針，搭配串珠編織線、脫模劑及火線等材料使用。

有 了 會 更 方 便 的 工 具

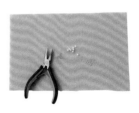

串 珠 盤

製作飾品時，事先取出必要材料盛裝的小盤。事先取出必要的材料數量，有利於作業進行，也不用怕材料會四散或是滾落，十分方便。

五 金 配 件 盒

用來收納串珠、配件及製作飾品的塑膠收納盒。將常用到的基礎五金配件集中收納好，可省去尋找配件的麻煩。

串 珠 專 用 墊

質地鬆軟的墊子。擺在墊上的串珠不會亂滾，因此不用怕串珠被刮傷。也不必拿起串珠穿針，可以直接在墊上挑起串珠，對於會用到針線的作品而言相當方便。

BASIC MATERIALS

本書使用的基本材料

以下將介紹本書使用的飾品材料。
每樣都是能在全國各地手工藝材料店及串珠專賣店購買到的產品。

———————————————————————————— 主要材料

珍珠

材質分成樹脂、棉花、壓克力及塑膠等，依照材質而有諸多種類。即使採用簡單方式製作，也能打造出帶有設計感的高貴飾品。

壓克力珠

壓克力材質的串珠。與捷克珠同樣有各式各樣的顏色及款式。相當適合用來製作成單顆或是多顆的串飾。

捷克珠

產自擁有精密串珠加工技術的捷克串珠總稱。具有充滿個性的形狀、豐富的顏色及素材種類。以蠶絲線編繩或用來製作串珠飾品，可盡情享受改造樂趣。

天然石

也被稱作半寶石。有圓形、橢圓形或是算盤形等各式各樣的形狀。即便是同材質配件，其細部配色也會有些微差異，因此挑選上也是一大樂趣。

施華洛世奇材料・水鑽

產自施華洛世奇公司的水晶材料總稱。僅是配置1顆，外型頓時也華麗起來。有黏貼在底座上的素材，也有開孔串珠的類型，款式相當多元。

金屬配件

可將簡單設計飾品勾勒出視覺焦點的金屬材質配件。不妨將之視為簡單飾品的調劑品，搭配珍珠及施華洛世奇材料設計。

金屬串珠

為形狀大小千變萬化的金屬材質串珠作品勾勒出時尚調性。多半應用於使用穿接或串接就能製作的簡單飾品上。

吊飾

為星星及花等本體頂端帶圈的配件之統稱。可以單圈或是C圈串接並垂吊於五金配件上，或穿接繩線、緞帶直接裝飾。

花帽

配置於串珠上下及左右進行點綴裝飾。配合串珠的大小及顏色，挑選花帽的尺寸及形狀，即能構成協調的組合設計。

平口珠

如同米粒般的小圓珠。名稱依形狀及大小有所不同，除了小圓珠之外，還有大圓珠‧特大珠‧特小珠以及細長的竹管珠

水鑽配件

鑲嵌在縫孔底座上的水鑽。經常被編織於耳環及戒台等附蜂巢網片的配件上作為裝飾。

水鑽鍊

猶如將水鑽串接起來的鍊條。可以斜剪鉗剪成自己喜歡的長度垂曳，或黏貼在大顆寶石周圍進行點綴。

緞帶

除了絲絨緞帶、沙丁緞帶及絲帶之外，還有伸縮自如的彈性緞帶。顏色的種類千變萬化，是能詮釋出個人特色的材料。

線繩

依用途可分類成皮繩及文化線、緞線等。能用來編織手環或是自創流蘇配件。

羽毛

以雉雞及金雞等鳥類羽毛製作成的配件。特徵為大小和花紋各不相同。將束尾夾配置於羽毛末端製成配件。

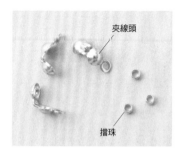

夾線頭、擋珠

穿接蠶絲線及串珠鋼絲線末端的加工五金配件。鋼絲線穿過擋珠後以平口鉗壓扁,以夾線頭包住擋珠閉合即可。也可串接五金配件。

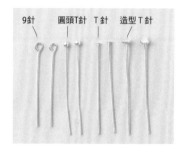

針類

以針穿起需要的串珠,以平口鉗折彎針頭製作成配件。共分成T針、9針、圓頭T針跟造型T針等。長短及粗細繁多,種類琳瑯滿目。

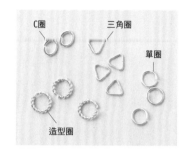

圈類

用來串接配件及鍊子的五金配件。使用平口鉗開合。有單圈、C圈、三角圈和造型圈等諸多種類。

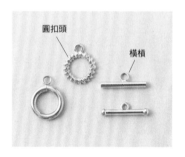

OT扣

配置於項鍊及手環鍊兩端的五金配件。多半應用於串接大串珠的飾品。將T字頭穿過O字頭內即完成。

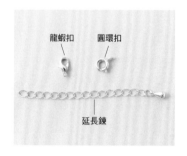

圓環扣‧龍蝦扣‧延長鍊

配置於項鍊及手環鍊兩端的五金配件。以圓環扣、龍蝦扣串接延長鍊即完成。以延長鍊的位置調整飾品的長度。

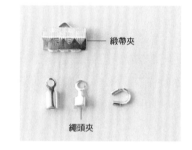

束尾夾

專門配置於線繩及緞帶、羽毛等素材末端加工成配件。以束尾夾夾住材料,以斜剪鉗壓扁夾片,配件即完成。

爪座

用來鑲嵌施華洛世奇等材料的五金配件。可依大小形狀挑選專用爪座,以平口鉗壓夾四邊爪扣固定鑲嵌材料。由於底座有縫孔,也可以蠶絲線編織飾品。

鍊子

主要使用於項鍊上。項鍊的五金配件設計款式大小一應俱全,可依照用途分類使用。具有設計感的鍊子可詮釋出個人風格。

髮飾五金配件

橡皮筋、彈力髮夾及髮插等。可依據加工飾品的設計及技法進行挑選。金色可締造可愛感，銀色則會呈現冷冽氣息。

胸針五金配件

用法同於耳針，有能黏貼飾品的也有可垂吊飾品的類型，各種款式都有。也有帶縫孔可供鐵絲或蠶絲線編織的類型。

耳針

有可以將串珠黏貼在底座上的耳針、可垂吊飾品的帶圈耳針及U形耳勾等。依照設計更換五金配件也是種樂趣。

CHECK

什麼是蜂巢網片底座五金配件？

所謂蜂巢底座，就是有數個縫孔方便編織串珠的底座。最後將裝飾好的蜂巢網片卡回底座上，壓夾爪扣固定於五金配件上。

戒台

本書經常使用專門用來黏貼像是施華洛世奇及珍珠等配件的戒台。請配合五金配件的設計，選擇要黏貼的飾品配件。

耳夾

有螺旋、帶圈、立芯，也有簡單的彈扣式耳夾，種類相當豐富。只要使用矽膠耳扣，就不用擔心會傷到耳朵。

鐵絲・線類

串珠編織線

以尼龍及聚酯纖維製作的線，有各種顏色及粗細，種類繁多。

串珠鋼絲線

外層包覆尼龍膜。比蠶絲線更堅固。

Griffin 純蠶絲串珠線

製作飾品專用的絲線。主要用來製作項鍊或手環。線的末端自帶針。

蠶絲線

用來串編串珠。本書主要使用2號及3號。比AW更柔軟易處理。

藝術銅線

本書內「使用材料」把銅線略稱為AW（Artistic Wire）。以聚胺酯漆包黃銅線，號數愈大代表線徑越細。

\ 什麼是熱縮片？ /

於透明塑膠板上描繪喜歡的圖案後，
以烤箱加熱縮小作為飾品配件，是老
少咸宜的手工藝素材。

烤箱

用來加熱熱縮片。若烤箱可
以設定溫度，烘烤溫度以
160℃最佳。

熱縮片

普遍來說是透明熱縮片，也
有白色熱縮片等款式。本書
也有使用列印專用熱縮片。

烘焙紙

用在熱縮片加熱時鋪在烤
箱烤盤上，及壓平硬化熱
縮片等。

手套

於烤箱內取出剛加熱好的
熱縮片時配戴使用。絕對
不要徒手觸摸熱縮片，以
免燙傷手。

油性筆·
海報彩色麥克筆

油性筆用來在熱縮片上描
繪圖案，海報彩色麥克筆
則是將尚未加熱的熱縮片
上色用。

剪刀·美工刀

裁切尚未加熱的熱縮片。
大範圍可使用剪刀，至於
細部使用美工刀即能割出
漂亮的形狀。

CHECK

剛加熱好的熱縮片，
是否有用重物壓平

剛出爐的熱縮片，要立刻以烘焙
紙夾好，以重物重壓或是用厚書
本夾住壓平。熱縮片一旦接觸冷
空氣就會馬上變硬，所以趁餘熱
未散前儘快處理是一大重點。

砂紙

以砂紙打磨透明熱縮片
後，頓時就會呈現出玻璃
素材般的質感。以色鉛筆
將熱縮片上色前，可先以
砂紙打磨熱縮片增加顯色
度。

水性漆
（有光澤／無光澤）

建議以不易滲透的水性漆
為熱縮片加工。分為能將
飾品製造光澤感的漆，及
無光澤的漆。

製作UV水晶膠飾品的材料&工具

＼什麼是UV水晶膠／

UV水晶膠就是樹脂。照射UV燈即會硬化。UV水晶膠可以將串珠及乾燥花等材料密封於框內，或灌膠至矽膠模具後，照燈硬化成各式各樣的形狀。

軟式UV水晶膠

稍具黏性的液體，成品比硬式UV水晶膠柔軟。在本書用來加工乾燥花。

硬式UV水晶膠

透明度高，可以滑順又輕易的灌入模具。用來製作像是配件及飾品。成品質地堅硬，會呈現塑膠般的質感。

筆刀

從矽膠模具脫模後的UV水晶膠成品出現毛邊時，就以筆刀修整乾淨。

紙膠帶

用來為無底座的配件灌膠。待UV水晶膠硬化，就能輕易撕除掉。

UV燈

以UV光線硬化UV水晶膠的照射機。內部裝設的燈管越多，硬化速度相對越快。本書是使用攜帶式UV燈。

矽膠模具

灌膠塑型的矽膠製模具。有圓形、三角形及四角形等五花八門的形狀及尺寸。

CHECK

UV水晶膠不僅能夠製作配件，還能作為接著劑

UV水晶膠也可以用來黏著不同配件。使用方法為在欲黏貼部位塗抹UV水晶膠後，放入UV燈內照燈硬化即可。本書的LESSON4中，黏接配件及五金配件時都是採用本方法，並非接著劑。UV水晶膠不僅能將成品增添透明之美，還同時兼具接著力，請務必嘗試看看。

＼ 什麼是黏土？ ／

可以捏塑成自己喜歡形狀的材料，有燒烤或是日曬等各種定型方式。至於黏土本身又分成有色黏土，及要用顏料上色的類型。本書中使用以下3種黏土。

石塑黏土

不沾手，置於空氣中即可定型的黏土。雖然完全乾燥需要花上一天，但乾燥後的強度超群，可進行削磨等處理。可以壓克力顏料上色。可以在手工藝材料店等通路購買。

樹脂黏土

樹脂黏土是加工裝飾的利器。將水晶膠AB劑混合後使用。用途為裝飾施華洛世奇材料、水鑽鍊及鍊子等。可前往手工藝材料店及串珠專賣店購買。

協助：ステッドラー日本株式会社
（http://www.staedtler.co.jp）

軟陶

一般家庭烤箱烘烤就能定型的黏土。本書使用的是施德樓公司的FIMO®無毒烤箱軟陶。可自行調配新顏色為其魅力所在。他牌軟陶可前往39元商店等通路購買。

雕刻刀

用來將黏土雕塑花樣。如果是軟黏土，以雕刻刀即能切割。

黏土桿棒

將黏土擀薄擀平的工具。至於粗細則以自己順手為優先。

烤箱

用來燒烤軟陶。不同種類黏土的烘烤時間也各不相同，先確認好後再進行烘烤。

瓷磚

燒烤軟陶時，將軟陶成品放在上面送入烤箱。也可以在瓷磚上進行作業。瓷磚可前往居家用品量販店購買。

手工鑽

將烘烤好的軟陶成品鑽孔後，即能用來穿接單圈。

筆刀

用來為軟陶塑型。在本書內是用來沿著紙型切割黏土。

刀片

用來切割或是移動軟陶，使用上須多加留意。

細工棒

用來為軟陶塑型。手邊沒有的話，以玻璃珠等物代用亦可。

水性漆（有光澤）

用來將石塑黏土成品收尾。需注意待顏料乾透後再上保護漆，不然漆料會滲透進去。

砂紙

用來將石塑黏土成品收尾。以不同粗糙程度的砂紙（中等砂紙100至200號、細砂紙200至400號）來打磨作品表面。

壓克力顏料

用於石塑黏土的著色。壓克力顏料必須等石塑黏土表面完全乾燥後再上色。

SHOP LIST

介紹製作飾品時，不可或缺的串珠及配件專賣店。
每間店的特色各不相同，依照自己想打造的作品來選購吧！

貴和製作所　浅草橋本店

配件類齊全豐富，店頭也販售多數融合時
下流行元素的手工藝製作法。有網路販
售。

東京都台東区浅草橋2-1-10
貴和製作所本店ビル1〜4F
03-3863-5111
http://www.kiwaseisakujo.jp/shop/

Parts Club
パーツクラブ浅草橋駅前店

配件類齊全豐富，在日本全國共有約100
家實體店鋪，可找尋附近的店鋪。也有網
路銷售。

東京都台東区浅草橋1-9-12
03-3863-3482
http://www.partsclub.jp/

BEADS FACTORY
ビーズファクトリー　東京店

以米珠為中心，販售大量來自世界各地的
串珠及配件。也有多款DIY套組。也有網
路銷售。

東京都台東区浅草橋4-10-8
03-5833-5256
http://www.beadsfactory.co.jp/

BROOKLYN CHARM

店內販售高達3000種原創飾品配件。以
有許多珍奇設計為一大特徵。也有網路銷
售。

東京都渋谷区神宮前4-25-10
03-3408-3511
https://www.brooklyncharm.com）

Necklace-necklace

除了匯集世界各地的串珠及鈕釦之外，還
販售如流蘇、蕾絲等豐富的服飾素材。

東京都杉並区浜田山2-20-14
03-3290-0465
http://www.necklace-necklace.com

BASIC TECHNIQUE

基本技法

以下為您介紹串珠作業的基本技法。

③ 使用T針・9針等針類	② 使用三角圈	① 使用單圈・C圈

③ 使用T針・9針等針類

以針類穿接串珠,以尖嘴鉗將針頭折彎成圈,製成配件。

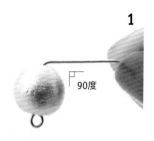

1

針類穿接串珠,將串珠端折彎90度。

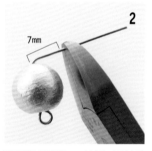

2

7mm

將折彎處預留7mm針部,再以斜剪鉗剪斷多餘部分。

3

以尖嘴鉗夾起置於手掌,針部朝上。以尖嘴鉗夾住針頭,就像在轉動手腕般轉動尖嘴鉗。

② 使用三角圈

不同於前後扭開的單圈・C圈,特徵為朝左右打開。

1

←　→

以2支平口鉗夾住三角圈開口兩側,朝左右打開。

2

三角圈穿接鍊子等配件後,兩側開口從左右插入串珠孔。以平口鉗壓向中央閉合開口。

3

下圖是以三角圈串接串珠的成品。要以平口鉗確實閉合三角圈的開口。

① 使用單圈・C圈

以平口鉗夾住開合,功用為串接配件。

1

將圈類(串接五金配件及配件的金屬圈)的開口朝上,以2支平口鉗夾住開口左右側。以平口鉗及尖嘴鉗夾住即可。

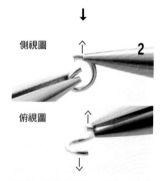

側視圖

2

俯視圖

將開口朝前後扭開。閉合時也是採用同樣方式。

NG!

將單圈及C圈左右打開,是導致開口圈變形及金屬損耗的主因,請特別留意。

以鐵絲穿過串珠，於串珠上下方製作圓環，打造成配件。

1

將鐵絲剪成5至10cm，以尖嘴鉗在鐵絲尾端折出串珠穿接後不會滑落的小圈。

↓

2

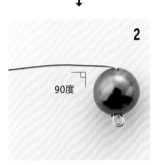

90度

以鐵絲穿接串珠後，以尖嘴鉗將串珠端折彎90度。

↓

3

尖嘴鉗抵住鐵絲，以鐵絲纏繞尖嘴鉗一圈。

4

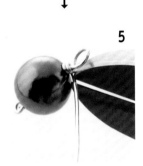

纏繞

以平口鉗夾起小圈，鐵絲朝串珠底端纏繞2圈。

↓

5

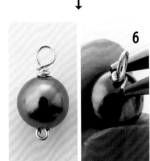

纏繞時要避免鐵絲圈重疊。完成後以斜剪鉗剪斷多餘鐵絲。

↓

6

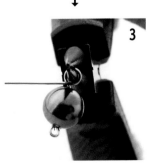

以平口鉗將鐵絲尾端壓進鐵絲圈下方組合完成。

4

將針的尖端折彎成圈，調整形狀。

↓

5

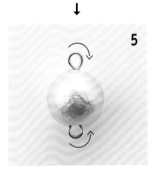

以平口鉗調整兩個圈的角度。兩個圈須呈平行狀。

NG!

右圖為沒確實閉合的狀態。左邊為兩個圈的角度不一致。以平口鉗儘量調整外觀。

5 吊飾加工

以鐵絲穿接於頂端開孔的串珠，製作單圈成為配件。

1
鐵絲剪成10cm後穿接串珠。仿照上圖於其中一端預留3cm後，2條鐵絲交叉。

↓

2
以平口鉗壓住2條鐵絲後，扭轉鐵絲3次固定配件。

↓

3
長端鐵絲折彎90度。以斜剪鉗在鐵絲纏繞處剪斷短端鐵絲。

90度

4
先以鐵絲抵住尖嘴鉗，沿著尖嘴鉗纏繞1圈。

↓

5
以平口鉗夾起作品，以鐵絲朝串珠底端3圈包住纏繞處。再以斜剪鉗剪斷多餘鐵絲。

↓

6
以平口鉗壓平鐵絲尾端。

6 加大鍊圈

遇到鍊圈孔徑太小無法串接五金配件時，可以手工鑽加大孔徑。

1
當鍊圈孔徑太小無法穿接單圈的情況，可以手工鑽插入想加大的鍊圈內，將鍊圈稍微撐大些。

↓

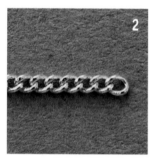

2
上圖為末端的鍊圈已加大。過於勉強加大鍊圈可能會斷掉，因此要視情況來加大鍊圈。

7 清理珍珠孔

沾附在珍珠孔處的塵埃，可以手工鑽插入珍珠孔來清理。

因為珍珠孔周圍容易起毛邊，可以手工鑽將毛邊搓入孔內，清理乾淨後再使用。

8 使用夾線頭（蠶絲線）

穿接串珠後，配置在蠶絲線末端代將繩扣。也可直接串接五金配件。

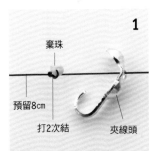

棄珠
預留8cm
打2次結
夾線頭

1 以蠶絲線穿接夾線頭及棄珠（小圓珠），以擋珠代用亦可。將末端預留8cm，以蠶絲線將棄珠打兩次結。

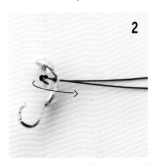

2 以預留8cm的蠶絲線回串至夾線頭。

3 夾線頭包住棄珠和結頭，以平口鉗閉合夾線頭。

9 使用夾線頭（串珠鋼絲線）

用法不同於蠶絲線，以斜剪鉗壓扁專用的擋珠。

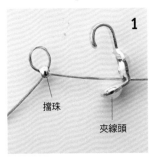

擋珠
夾線頭

1 以串珠鋼絲線末端依序穿接夾線頭及擋珠，再將串珠鋼絲線回穿擋珠。

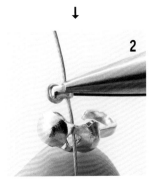

2 拉緊串珠鋼絲線後，以平口鉗壓扁擋珠固定。

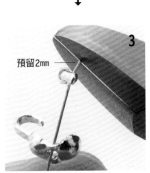

預留2mm

3 串珠鋼絲線末端預留2mm，以斜嘴鉗剪斷多餘的線。

← 接續P.184

4 以尖嘴鉗把夾線頭前端折彎。

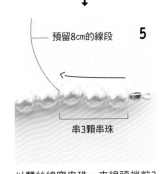

預留8cm的線段
串3顆串珠

5 以蠶絲線穿串珠。夾線頭端前3顆串珠穿雙線，之後的串珠穿單線。

打2次結

6 穿好所有串珠後，最後穿接夾線頭及棄珠，打2個結。為避免打結出現間隙，打結時可以手工鑽壓住結頭，於夾線頭內打結。仿照5的作法，將蠶絲線回穿至夾線頭及3顆串珠，剪斷多餘的線。

在使用鐵絲等作品時，想將串珠末端配置圓環時使用。

4

穿接3顆串珠

以串珠鋼絲線穿串珠。前端3顆串珠穿雙線，之後的串珠則穿單線。

↓

1

8cm預留

U字保護夾

擋珠

串珠鋼絲線末端預留8cm後，依序穿接擋珠及U字保護夾，從反側回穿過擋珠。

↓

4

夾線頭包住擋珠後，以平口鉗確實閉合。

↓

5

串珠鋼絲線穿好所有串珠後，再依序穿接擋珠及U字保護夾，最後回穿擋珠。

↓

2

為避免U字保護夾及擋珠間產生空隙，拉緊串珠鋼絲線。

↓

5

串珠鋼絲線串好所有串珠後，依序穿接夾線頭及擋珠，以串珠鋼絲線回穿擋珠。

↓

6

回穿3顆串珠後，確實拉緊串珠鋼絲線，壓扁擋珠。最後於串珠開口附近剪斷多餘的串珠鋼絲線。

↓

3

將U字保護夾及擋珠調整為平行並列後，以平口鉗壓扁擋珠。

↓

6

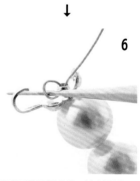

以手工鑽將擋珠移到夾線頭內，然後確實拉緊。與2同樣壓扁擋珠，剪掉多餘的串珠鋼絲線，閉合夾線頭。

13	12	11
使用水鑽鍊	**使用緞帶夾**	**使用繩頭夾**

裁剪成需要的長度後，為兩端裝上鍊尾夾製成配件。

以緞帶夾夾住緞帶兩端，即能將緞帶固定在五金配件上。

夾住繩線末端及羽毛根部，製作成帶圈配件。

1

緞帶夾

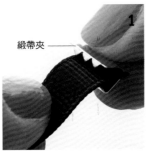

繩頭夾

超出1mm

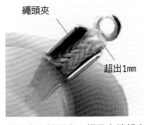

以斜剪鉗的刀刃抵在欲使用的水鑽邊緣，裁剪成需要的長度。

將緞帶布面塞入緞帶夾底端。

繩子塞入繩頭夾。繩子末端超出繩頭夾1mm後，以手指確實壓住繩子。

↓　　　　↓　　　　↓

2

以斜剪鉗剪去從孔縫中冒出的多餘金屬碎片。

塞好後，以平口鉗壓夾整個緞帶夾。

以平口鉗將繩頭夾單側夾片往下壓。

↓　　　　↓　　　　↓

3

鍊尾夾

水鑽鍊嵌入鍊尾夾後，以平口鉗壓下夾片。

確實閉合緞帶夾。請挑選與緞帶同寬的緞帶夾，這樣緞帶才不會脫落。

將繩子反過來拿，再以平口鉗將繩頭夾另一側夾片往下壓。最後以平口鉗壓夾整個繩頭夾。

接著劑上膠

用來黏貼五金配件。不要直接擠在配件上，請以牙籤塗抹。

1

基本上要以牙籤沾取接著劑再塗抹於五金配件上。塗抹像碗形及平面底座時，於整體黏接面上薄抹一層接著劑。

↓

2

趁接著劑尚未乾燥前放上串珠，等待完全乾燥。

立芯五金配件的處理方式

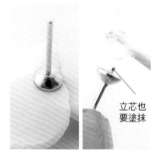

立芯也要塗抹

處理立芯五金配件時，除了碗形底座面要塗膠外，立芯也要以牙籤薄塗一層接著劑。

加工底座

將無開孔的施華洛世奇材料，固定在底座上製作成串珠。

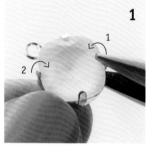

1

2 **1**

實石與底座平行擺好後，以平口鉗依序壓夾爪扣。

↓

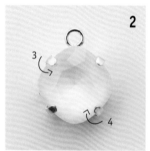

2

3

4

全部爪扣壓夾完畢。

加工蜂巢底座

將編有串珠的蜂巢底座台固定在五金配件上。

1

2 **1**

以平口鉗壓彎耳夾或是耳針上左右平行的2根爪扣。

↓

2

蜂巢網片推入**1**壓彎的爪扣下，配置在五金零件上。

↓

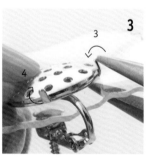

3

4

以平口鉗壓夾剩餘的2根爪扣。為避免平口鉗刮傷五金配件的背面，先以有厚度的膠帶紙，夾在五金配件及平口鉗之間進行作業。

右環狀結	單向平結（左上）	三股編

1

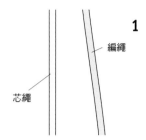

把比成品長4至5倍的編繩放在1根芯繩的右方。

↓

2

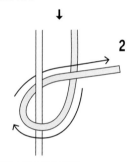

編繩從右往左纏繞芯繩。

↓

3

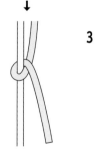

拉緊編繩末端，1個右環狀結即完成。請重複 **2**・**3** 步驟。

↓

4

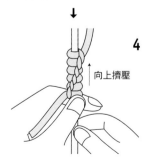

每當編繩半旋轉時，就將所有編結往上壓緊。

1

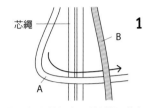

編繩A放在芯繩上，將編繩B放在A上。

↓

2

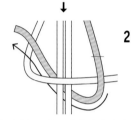

B繞到芯繩下方，然後往上穿出左圈。

↓

3

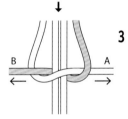

A・B朝左右拉起。接著打半個左上平結。

↓

4

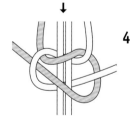

左右換邊重複步驟 **1** 至 **3**。

↓

5

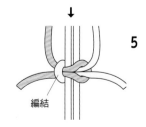

完成1次左上平結。於左側形成「編結」。

1

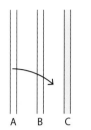

A繞到B前方交叉。

↓

2

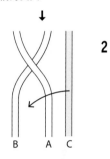

C繞到A前方交叉。

↓

3

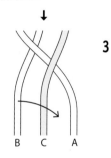

B繞到C前方交叉。

↓

4

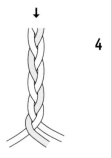

重複 **1** 至 **3**，不時拉緊三條繩子，繼續往下編。

燒融固定

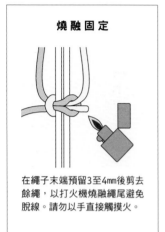

在繩子末端預留3至4mm後剪去餘繩，以打火機燒融繩尾避免脫線。請勿以手直接觸摸火。

※請勿在本書指示之外的部分使用本方法，以免發生危險。

平結

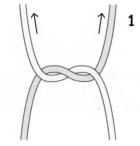

1

將左繩末端朝上，2繩交叉打一個結。

↓

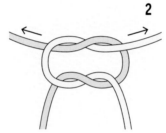

2

右繩末端朝上，2繩交叉再打一個結。

↓

3

拉緊左右繩末端。

雙向環狀結

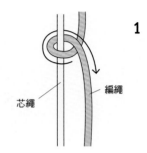

1

芯繩　編繩

芯繩擺左邊，編繩擺右邊，然後打右環狀結。

↓

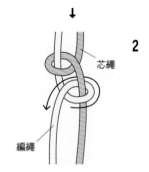

2

芯繩

編繩

芯繩擺右邊，編繩擺左邊，然後打左環狀結（右環狀結的相反側）。

↓

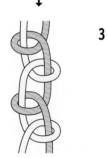

3

於步驟 **1** 至 **2** 完成雙向環狀結。重複上述步驟往下編。

塑膠包裝袋

玻璃紙

**輕盈可愛的
基本款包裝袋**

將紙卡放入袋內,把飾品配置於卡片上。卡片可印上自己
的名字,寫上給贈送者的小語也可。

**以五彩繽紛的玻璃紙 &
流行的紙膠帶搭配出個性感**

將玻璃紙作成三角形,打造成個性飾品包裝袋。利用有色
玻璃紙即看不見袋中物,可締造打開前的雀躍感。適合當
成表達心意的小贈禮。

飾品禮物包裝術

為各位介紹最適合當作飾品贈禮的4種包裝方法。
精心挑選符合自己作品設計的包裝方法吧!

紙盒

繩線

**足以詮釋特別感跟世界觀的
禮品包裝法**

放入盒內,挑選符合飾品印象的包裝紙包裝,繫上緞帶再
將小花綠葉插在緞帶內,可醞釀自然氣息。

只是將緞帶更換成線繩,就能變身為隨性風贈禮。

將飾品放入袋中,繫上繩線即可。繩線的結頭,可以插入
訊息小卡或是以貼紙裝飾。

関谷愛菜　せきやあいな

Genuine珍珠&天然石（Perle et bijou）認證講師。提倡「愉悅的大人時光」概念，以講師身分進行相關活動。預定在位於千葉縣市川市的自宅內開班授課。

〈 P.114「綢緞褶邊耳環」改造成粉紅色綢緞

HP 〉 http://instagram.com/hana_isi_gallery

作品 〉 **LESSON 1-06 · 07、LESSON 4-02 · 09、 LESSON 6-03～08**

内藤かおり　ないとうかおり

經營「アトリエSoleil」。以私藏的古董串珠為主角，堅持「世界獨一無二Only One」的原創手工飾品創作。

〈 P.49「珍珠手錶」的五金配件改造成銀色。

HP 〉 http://lara.ocnk.net/

作品 〉 **LESSON 1-01 · 03 · 09、LESSON 3-01 · 03～08、LESSON 5-01**

地下3F　ちかさんがい

愛知縣縣立藝術大學美術系設計 · 工藝科畢業。以設計師的身分自行創業。2015年設立軟陶飾品品牌「地下3階」。

HP 〉 https://chica3f.shopinfo.jp/

作品 〉 **LESSON 9-01～05**

harapecora　はらぺこら

2015年開始進行網站經營。就如同美食能滿足口腹之慾般，認為可愛賞心悅目的飾品也能滿足女孩的心。以這樣的心情製作令人愉悅的飾品。

HP 〉 http://harapecora.com

作品 〉 **LESSON 7-01～04**

坪内史子　つぼうちふみこ

經營「studio Room*T」教室。在顧客口碑及部落格廣獲好評後即開始正式開班授課。著有《用黏土製作大人飾品》（講談社）

〈 P.157「施華洛世奇胸針」的胸針五金配件改造成圓形。

HP 〉 http://studio-room-t.com

作品 〉 **LESSON 9-06**

miel♥moi　ミエール モワ

為了讓更多人覺得「作為女人真是太好了」而踏上飾品製作的路。以融入季節感，打造女性化浪漫設計而廣受歡迎。

作品 〉 **LESSON 6-11**

DESIGNER'S PROFILE

以下為本書刊載飾品的
11位飾品設計師基本介紹。

尾田 薫　おだかおる

2012年開始販售「KAKAPO」。創作各系列的主題，在意識潮流趨勢的同時，再以獨特觀點催生五彩繽紛的作品。

HP 〉 http://kakapofactory.tumblr.com

作品 〉 LESSON 1-02、LESSON 2-05、LESSON 4-03、05〜08、LESSON 5-02・10・11、LESSON 6-02

奧 美有紀　おくみゆき

於橫濱經營手作飾品教室「Beads-Yokohama」。著有《串珠作品入門》（ブディック社）等。

〈 P.89「水滴形民族風耳環」的天然石改造為粉紅色。

HP 〉 http://ameblo.jp/m-oku/

作品 〉 LESSON 1-08、LESSON 3-02、LESSON 4-10、LESSON 5-04・05・07〜09

桑原美紀　くわはらみき

手作飾品店「cocolo」的老闆。使用從海外進貨的石頭及配件等，製作原創手工飾品。

〈 P.16「不對稱耳環」的串珠改造成施華洛世奇素材。

HP 〉 http://instagram.com/cocoloart

作品 〉 LESSON 1-05・10〜12、LESSON 2-04、LESSON 4-04、LESSON 5-03・06、LESSON 6-01・09・10

奧平順子　おくだいらじゅんこ

經營飾品品牌「Ju's drawer」。廣獲許多手作飾品網站的支持，是頗受媒體關注的人氣設計師。活躍於多方領域。

〈 P.66「天然石&金屬長條耳環」的天然石改造成綠水晶。

HP 〉 https://minne.com/junko131/profile

作品 〉 LESSON 1-04、LESSON 2-01〜03、06・07、LESSON 4-01

GHi　ジーエイチアイ

從2014年起開始採用熱縮片及UV水晶膠製作飾品。以簡單卻具有視覺衝擊力的主題進行設計。

〈 P.143「棒球少年耳環」的亮片改造成銀色。

HP 〉 http://www.ggghiii.tumblr.com

作品 〉 LESSON 7-05・06、LESSON 8-01〜08

【FUN手作】134

人氣女子的漂亮手則：
人見人愛的手作飾品LESSON BOOK（暢銷版）

全圖解！好簡單！初學者也能立即上手的160款時尚設計小物

授　　權／朝日新聞出版
譯　　者／亞緋琉
發 行 人／詹慶和
選 書 人／Eliza Elegant Zeal
執行編輯／黃璟安・陳姿伶
特約編輯／蘇春惠
編　　輯／蔡毓玲・劉蕙寧
執行美編／周盈汝
美術編輯／陳麗娜・韓欣恬
內頁排版／造極彩色印刷
出 版 者／雅書堂文化事業有限公司
發 行 者／雅書堂文化事業有限公司
郵政劃撥帳號／18225950
郵政劃撥戶名／雅書堂文化事業有限公司
地　　址／220新北市板橋區板新路206號3樓
電　　話／（02）8952-4078
傳　　真／（02）8952-4084
網　　址／www.elegantbooks.com.tw
電子郵件／elegant.books@msa.hinet.net

2019年07月初版一刷
2022年12月二版一刷　　定價480元

"TEZUKURI ACCESSSORY LESSON BOOK"
Copyright © 2017 Asahi Shimbun Publications Inc.
All rights reserved.
Original Japanese edition published by Asahi Shimbun Publications Inc.

This Traditional Chinese language edition is published by arrangement with Asahi
Shimbun Publications Inc.,Tokyo in care of Tuttle-Mori Agency, Inc., Tokyo
through Keio Cultural Enterprise Co., Ltd.,New Taipei City.

經銷／易可數位行銷股份有限公司
地址／新北市新店區寶橋路235巷6弄3號5樓
電話／（02）8911-0825
傳真／（02）8911-0801

國家圖書館出版品預行編目資料

人氣女子的漂亮手則：人見人愛的手作飾品LESSON
BOOK / 朝日新聞出版授權；亞緋琉譯. -- 二版. -- 新
北市：雅書堂文化事業有限公司, 2022.12
　　面；　公分. -- (Fun手作；134)
　　ISBN 978-986-302-653-2(平裝)

1.CST: 裝飾品 2.CST: 手工藝

426.9　　　　　　　　　　111019961

HANDMADE ACCESSORIES LESSON BOOK

P.4、5（左）、110	水藍色T恤（Ouur/ACTUS）
P.5（右）	T恤（AUGUSTE PRESENTATION/FIT）
P.6	運動衫（Ouur/ACTUS）
P.7（上）	褶飾邊襯衫
	（conges payes ADIEU TRISTESSE）
P.12、50、90	領綁帶襯衫（ADIEU TRISTESSE）
P.15、156	灰夾克（Ouur/ACTUS）
P.35、36、145	一件式（ADIEU TRISTESSE）
P.47	（ADIEU TRISTESSE）
	內部T恤（niuhans /alpha PR）
P.131、142	一件式襯衫（niuhans /alpha PR）
P.155	套衫
	（conges payes ADIEU TRISTESSE）

STAFF
編輯／STUDIO DUNK
編輯協力／相澤若菜
作法監修／奧美有紀
攝影／福井裕子
　　　鈴木江実子
造型／荻野玲子
髮妝／西ヒロコ
模特兒／花梨（étrenne）
設計／STUDIO DUNK
　　　平間杏子
DTP／STUDIO DUNK
　　　中島由希子
插圖／原山惠
校對／木串かつこ

攝影協助
ACTUS
ADIEU TRISTESSE
alpha PR
AWABEES
UTUWA
FIT www.auduste-presentation.com
conges payes ADIEU TRISTESSE

LOVE
HAND
MADE

LOVE
—
HAND
MADE

LOVE
HAND
MADE